# 紙上旅遊探索地球

凝固的白色瀑布、壯闊的巨大傷疤、神祕的地下世界……

67 道絕美風光，每一處都令人流連忘返！

唐維軒 ──著

每次出國都是血拚、遊歷古蹟，到頭來覺得好空虛？
其實地球還有許多未知祕境，你對那些渾然天成的景色知多少？

傳說英格蘭的巨人與蘇格蘭的巨人打架，建造了「巨人之路」；新疆有一座「魔鬼城」，淒厲慘絕的呼嘯聲宛如妖洞魔府；
波札那有條「永遠找不到海洋的河」，卻養出了沙漠唯一的綠洲；鹽分高到讓人浮起來的「死海」，所有生物游過來都瞬間死去……

跟著本書來一趟紙上旅行，神話傳說與地理知識兼具！

# 目錄

## 前言

## 陸地傳奇



## 水的變奏

# 目錄

# 前言

在人類賴以生存的地球上，大自然億萬年的滄海桑田造就了無數令人震撼的自然奇觀，它們如同一部部不老的傳奇，在大自然浩瀚無垠的舞臺上不斷演繹。北極的島嶼、南極的火山、赤道的雨林……從歐洲的雅致與浪漫，到亞洲的綺麗與激越；從非洲的粗獷與淳樸，到美洲的神祕與溫情；從大洋洲的特別與大氣，到南極洲的美妙與夢幻……茫茫滄海，巍巍高山，浩浩流水，青青草原……大自然的一山一水、一草一木，都是那麼的美麗動人。當我們仰望高山、俯瞰峽谷或徜徉水域時，我們都將深深地被大自然的雄渾與深邃所震撼。

本書從陸地、海洋、冰河、火山、高山、峽谷、洞穴、島嶼、沙漠等幾個自然景觀著手，內容涵蓋全球，從大洋洲的波浪岩，到非洲的奧卡凡哥三角洲；從終年積雪的瓦特納冰原，到流著滾滾岩漿的埃特納火山；從高聳入雲的聖母峰，到深溝萬壑的大峽谷；從南太平洋寧謐浪漫的波拉波拉島，到原始神祕的亞馬遜河；從漫天黃沙的撒哈拉沙漠，到沙泉共生的天下奇觀月牙泉……每一處景觀都足以令人流連忘返，回味無窮！

與此同時，為了豐富讀者的知識層面，加深對各種自然景觀的了解，我們還在每節的後面添加了延伸閱讀點。這些知識點既有對原文內容的補充，也有新知識的融入，讓讀者在領略大自然魅力的同時，還能了解一些自然地理的知識，從而獲得心靈的愉悅與精神的富足。

我們相信，閱讀本書，可以讓您足不出戶也能觀賞到最富魅力的自然景色，欣賞到鬼斧神工的絕世美景，了解成因獨特的地質、地貌，從而感嘆大自然的神奇與偉大！

# 前言

# 陸地傳奇

# 棉堡

在土耳其西部，有一處古希臘與古羅馬舊城廢墟下的坡地，呈現一片層層疊起的乳白色梯形階地，在陽光下熠熠生輝，就像仙境一樣。這塊坡地很特別，被稱為「棉堡」。在當地語言中，「Pamukkale」是「棉花垛」的意思。

西元 1765 年，英國古董商錢德勒（Richard Chandler）在旅行時發現了這裡。眺望棉堡，它就像一片寬廣的白色斜坡。近看，他更吃驚地發現，它太像「一片凍結的大瀑布」：奔騰的水面好像突然凝固、洶湧的激流一瞬間僵化了。

今日，去土耳其西部觀光的遊客們看到棉堡的白色梯形階地，如同扇貝似地層層疊起；絨毛狀的白色梯壁、鐘乳石倒映在清澈的池水中，像極了結冰的瀑布；在長滿松林的山峰及燦爛的陽光襯托下，夾雜著夾竹桃紅花的細長石柱格外耀眼。

## 棉堡的形成

關於棉堡的形成，其實早有傳說，稱「其為上古神靈收穫和曝晒棉花的所在，久之棉花化為玉石而成」。現代科學的解釋是其實棉堡乳白色階梯是石灰岩，碳酸鈣是其主要成分，與我們在石灰岩洞裡常看到的鐘乳石相近。這裡的石灰岩主要來自於周圍高原的溫泉。當大量的雨水滲進地下後，經過地下水循環，又以溫泉的形式湧出來。在這過程中，岩石中大量的石灰質與其他礦物質被水溶解。泉水湧出後順著高原邊坡流下時，石灰質就從中析出，在沿途沉積下來。在水流的轉彎處更容易發生沉積作用，凸者愈凸，這是結晶析出的規則。階梯狀的石灰岩就這樣在日積月累中形成了。

## 棉堡上的希拉波利斯城

在棉堡，溫泉富含礦物質，可以減輕或治療風溼、高血壓、心臟病等，治病的功效至少在西元前 190 年就已經名聞遐邇。

傳說古希臘城邦小國白加孟的國王 —— 歐邁尼斯二世曾在有噴泉的高原上建了希拉波利斯城。因為希拉是特利夫斯（白加孟國創始人）的妻子，所以，歐邁尼斯二世就用她的名字來命名這座城。現在棉堡上的廢墟就是從這座古城發展而來的。

希拉波利斯城在西元前 129 年成了羅馬帝國的領土，被幾位皇帝，其中有尼祿和哈德良選為浴場。在尼祿統治的期間（西元 60 年），該城毀於地震，於是一座規模更大、更壯觀的新城被建立起來，在這座城市裡，有寬闊的街道、劇院、公共浴場，還有用管道供應溫水的住宅。

到了西元 2 世紀，該城又建造了有不同溫度浴室的澡堂。洗澡的人可以先到冷水浴室裡洗，再到中溫浴室，往身上抹油，最後到高溫、蒸氣浴室，用擦身器的刮板將身體上的油脂、汙垢刮去。浴場裡還有一座小型博物館，陳列著精美的雕塑，有些浴室還挖掘出醫療用具及珠寶等。

## 棉堡上的遺跡

在棉堡，還有很多著名的遺跡，其中最耐人尋味的要數冥王殿和亡靈之家。

冥王殿與阿波羅（太陽、音樂、詩歌醫藥之神）的神殿相鄰，兩殿相鄰而建，意思是為了使冥王的黑暗與阿波羅神的光明力量互相抵銷。冥王的黑暗力量似乎很可怕，因為，股股毒氣常常從這個殿的一個岩洞裡會冒出。希臘地理學家、歷史學家斯特雷波說，這種毒氣能使一頭公牛瞬間暴斃。相傳毒氣是與惡鬼相伴的，而今查明該毒氣源自一道溫泉，從這個房間冒出來的蒸氣如今仍然可以刺得眼睛流淚。

亡靈之家是城牆外一片有 1,200 個墳墓的墓地，其中許多都規模宏大，裝飾華麗。這些墳墓都是許多羅馬富豪前來治病而未癒的歷史見證。現在還是有不少遊客仿效羅馬富豪，到這裡來度假，常到溫水池中沐浴，順便觀賞這座廢城下面山坡上閃爍的白色梯形階地。

**延伸閱讀 —— 中國的石灰岩景觀**

石灰岩景觀雖然並不常見到，但並非絕對沒有。比如，在中國雲南的白水臺，該地景觀的成因就和棉堡類似，只是規模比較小；此外，四川黃龍風景名勝區裡層層疊疊的石灰岩池、雲南九鄉溶洞群的神田，更可說是棉堡的縮影。

## 黃龍

中國四川省阿壩藏族羌族自治州松潘縣的黃龍風景名勝區與九寨溝相鄰。從結構上看，它是在 3 個大地構造單元（揚子准地臺、松潘－甘孜褶皺系和秦嶺地槽招皺系）的結合部；從地貌上看，它在中國的第二地貌階梯坎的前位，處在四川盆地西部山區和青藏高原東部邊緣交界處；從水文上看，它屬於涪江、岷江、嘉陵江三江源頭的分水嶺上；從氣候上看，它處在副熱帶溼潤區和青藏高原半溼潤區交界的邊緣；從植被上看，它處於中國東部溼潤森林區向青藏高寒高原亞高山針葉林草甸草原灌叢區的過渡帶上。風景名勝區的總面積達 1,340 平方公里，裡面雪峰林立，其中有 7 座的海拔達 5,000 公尺以上。

風景名勝區有很多珍貴的動植物資源，有 1,500 餘種高等植物，多是中國特有的，其中有 11 種一到三級保護植物。還有珍稀重點保護動物如：大熊貓、金絲猴、牛羚、雲豹等。

## 巨型的地表—石灰岩景觀

規模宏大、類型繁多、結構奇巧以及色彩豐豔的地表石灰岩景觀是黃龍風景名勝區的主景，在中國風景名勝區中獨樹一幟、堪稱一絕。

總體來說，黃龍是以絢麗的高原風光和特異的民族風情為綜合景觀的基調。高山摩天、峽谷縱橫、碧水蕩蕩、莽林蒼蒼之間鑲嵌著精巧的池、湖、灘、瀑、泉和洞等各種石灰岩景觀，還以神祕的寨、寺、耕、牧、歌、舞等鄉土風情為點綴。這裡的景類齊全、景形奇特，再加上高原所獨有的藍天白雲、豔陽驟雨的烘染，風景區更是呈現出一派處處皆景、動態無窮的天然畫境。

規模宏大、結構奇巧、色彩豐豔的黃龍石灰岩景觀不僅環境原始，類型也很繁多齊全：石壩彩池、石灰岩灘、石灰岩湖、石灰岩扇、石灰岩臺、石灰岩塌陷坑、石灰岩瀑布、石灰岩洞穴等，就像一座天然石灰岩博物館。光黃龍溝的石灰岩段大約就有 3,600 公尺，最大的石灰岩灘長達 1,300 公尺，有 3,400 多個石壩彩池，高達 7.2 公尺的邊石壩，93.2 公尺的石灰岩瀑布等，這些都可以是中國之最。

## 中國最東的冰河遺存

黃龍的海拔高於 3,000 公尺，第四紀冰河遺跡在這裡廣泛發育，其中最典型的是岷山主峰雪寶鼎地區。這裡最靠東部，不僅類型非常全面而且分布密集。這裡的山很高，範圍很廣，一座座山峰林立著，其中有 7 座高達 5,000 公尺以上，其中發育著 5,588 公尺的雪寶鼎、5,440 公尺的雪欄山和 5,058 公尺的門洞峰 3 條現代冰河。這裡是中國最靠東的現代冰河保存區域，主要冰蝕遺跡有分布於海拔 4,000 公尺以上的角峰、3,800 公尺以上的刃脊、900 公尺以上的冰蝕堰塞湖等；終質、中磧、側磧、底磧等主要冰磧地貌都分布在各冰河谷裡。對地質學家來說，具有重要考古價值的是現代冰河與古冰河遺跡及其與石灰岩景觀之間的關係等。

## 美麗壯觀的黃龍景勝

除石灰岩以外，黃龍地區其他景致也美麗動人、充滿神秀，主要景點有黃龍飛瀑、迎賓池、洗身洞、盆景池等。

黃龍飛瀑在入山的不遠處，千層的碧水順坡而下、衝破密林，從高約10公尺、寬約60公尺的岩坎上飛瀉下來，經過幾次起伏跌宕後形成數10道梯形瀑布。景象可謂極其壯觀：有些就像短線的珍珠，閃爍著銀光從半空中滾落；有些就像高掛的水簾，周邊霧氣升騰、雲蒸霞彩；有些像流瀉的絲匹，或舒或捲都飄逸自然、熠熠生輝；有些就像閃動的珠簾，影影綽綽、讓人心動。瀑布後的一座陡崖多是馬肺狀或片狀石灰岩積，它們金黃色的光澤更是讓整個瀑布顯得富麗堂皇。再加上太陽餘輝點染出不同的色彩，遠看就像奪目的彩霞從天而降，真可謂是「飛瀑流輝」。

精巧別致、水質明麗的池群構成了迎賓池，這些池子有大有小，形狀特別、色彩華麗、錯落有致；四周被山嶽環繞，林木蔥鬱，山間彩蝶紛飛，野花怒放。裡面還偶爾點綴觀景亭閣，曲折盤旋的石徑，情趣倍添。

登上第二臺階，就到了一個古代冰河的出水口 —— 洗身洞。洗身洞在一寬40公尺的石灰岩掛壁之下，此洞高約1公尺、寬約1.5公尺。進洞1公尺處，淺黃色、乳白色鐘乳石布滿其中。洞口有瀰漫的水霧，似幕的飛瀑，所以相傳古代仙人在這裡淨身沐浴。

金沙鋪地也是黃龍著名的景觀。因為在這裡碳酸鹽失去了凝結成池的條件，使得在一條長約1.3公尺的脊狀斜坡地上，漫坡水浪翻滾飛騰，在水底，層層金黃色石灰岩灘凝結起來，就像一片片的「鱗甲」，陽光照耀下，閃閃發光，可謂黃龍的罕見奇觀。這裡有 122 公尺的寬處，也有 40 公尺的窄處。科學家認定，在目前發現的世界上同類的地質構造裡面，這裡是現況保持最好的，也是面積最大、距離最長、色彩最豐富的。

金沙鋪地的左側是近百水池的盆景池，池內有池，池外也套池。池堤隨著樹根莖、地勢的變化而變化，堤連著堤，岸接著岸，順勢層疊；池底有黃、白、褐、灰等各色，池面澄清如鏡、一塵不染；池旁到處是花草木石，翠柏根盤，山花爛漫，野果含笑。絢麗的景觀，就像天造地設的盆景，讓園藝師們嘆為觀止。

除了盆景池，還有一組面積 2 平方公里，由 658 個彩池組成的爭豔池。這裡由於池水深淺各異，堤岸植被各不相同，因此一抹金黃、一抹翠綠、一抹酒紅、一抹鮮橙……爭豔媲美，各領風騷，令人目不暇接。爭豔池是目前世界上最壯觀、色彩最豐富的露天石灰岩彩池群。

在爭豔池的後面，是巨大的山脊，彷彿美麗的藏族女孩，在藍天白雲之下，靜躺在群山懷抱之中，穿著藏族的長裙、頭戴飾物，頭、胸、腰身都那麼惟妙惟肖，挺拔的鼻梁、淺笑的嘴唇也是那麼清晰。她氣質非凡，又像一位馳騁雲中的仙女，累了之後，安詳靜臥在林海雪原。因此，這裡也被稱為「睡美人」。

在黃龍溝內，還有一個巨大的彩池群，池群面積 2.1 平方公里，有 693 個彩池。池群的池堤很低，所以池水漫溢，從遠處看，塊塊的彩池宛如一片片的碧玉盤。在陽光照射下，「玉盤」紅紫相別，濃淡各異，姣美豔麗。冬季整個黃龍，一片玉樹瓊花，冰瀑雪海，只有這群海拔最高的彩池，還是如玉般碧藍，就像撒入群山的翡翠，奇幻詭譎，因此，這裡被譽為「人間瑤池」，是黃龍景觀中最具特色的景點，是黃龍的「眼睛」，是它的精華所在。

距五彩池 10 公尺遠處，在高山灌木群的綠蔭中，還有一個面積約 4 平方公尺的轉花池，池水清澈，股股泉水從地下湧出，池面形成美麗的波紋。如果將鮮花樹葉投進去，它們會隨漣漪向不同方向旋轉，奇異可愛，偶然還會有兩朵鮮花朝著相同的方向旋轉到一起，其中奧祕至今未明。「黃龍廟會」上青年男女到這裡投花、投幣，用以占卜自己的愛情。

黃龍還有一個著名的古寺——黃龍古寺。《松潘縣志》中記載：「黃龍寺，明兵馬使馬朝覲建，亦名雪山寺，相傳黃龍真人養道於此，故名。有前中後寺，殿閣相望，各距五里。」原有前、中、後三個寺廟，前寺現只剩遺址；中寺共 5 個大殿。中寺屬佛教寺廟，占地約 700 平方公尺，是單簷歇山式的造型，既古樸又雄偉。原有靈官殿、彌勒殿、天王殿、大佛殿、觀音殿 5 個大殿，現在只有觀音殿和 18 個羅漢塑像。殿內供應茶水、儀器和旅遊紀念品等。黃龍後寺距中寺約 2.5 公里，廟宇隨山勢而建，獨具風格，宏偉壯觀，雕梁畫棟。寺門上彩繪著巨龍，還有古匾，正中是「黃龍古寺」，左邊寫著「飛閣流丹」，右邊寫著「山空水碧」，書法雄渾端莊。

黃龍古寺周圍，群山青翠，起伏不斷，這裡又叫藏龍山。寺前近萬平方公里的地區，每年都會在這裡舉辦大型廟會。寺後約 1 平方公里範圍，是該區中的「黃金」景點。後寺背面不到 100 公尺，還有一座龍王廟。農曆 6 月 15 日是黃龍寺廟會。那時藏、羌、回、漢各民族都會登山，來包攬大自然美景，祈禱吉祥、豐收。

### 延伸閱讀——黃龍豐富的物質資源

黃龍是天然植物的綠色寶庫，有 1,500 多種高等植物，多是特有種，屬一至三類保護的植物有 11 種：四川落葉松、岷山冷杉、獨葉草、星葉草等。許多植物有重要科學研究、醫學用途與經濟價值。

黃龍所處地理位置特殊，這也使其成為大熊貓等野生動物棲息和繁衍的理想地區，特點是珍稀動物品種多，南北動物混雜現象突出，還有當地特有種。其中有 59 種獸類，155 種鳥類，屬一至三類保護的動物近百種：有大熊貓、金絲猴、牛羚、雲豹、白唇鹿等。南北動物混雜的現象，山星鳥最為突出的，胸腺齒突蟾等也是當地的種。「活化石」大熊貓的生態研究更有助於揭示自然生態深層的奧祕。

# 路南石林

路南石林是一座著名的石林，它在中國雲南省昆明市的路南縣境內。「路南」是彝語音譯，意思是黑色石頭，如今，縣名改成了石林，更加合適了。2007 年 6 月 27 日，路南石林與貴州荔波、重慶武隆「捆綁」申報的「中國南方喀斯特」，被列入世界自然遺產。

## 石林的醉人美景

這裡屬副熱帶低緯度高原山地季風氣候，沒有嚴寒的冬天，也沒有酷暑的夏天，四季如春，平均溫度 16℃，集優美的自然風光、獨特的民族風情、休閒的度假區和科學考察於一體，是一個大型的綜合旅遊區。這裡以喀斯特地形景觀為主，以「雄、奇、險、秀、幽、奧、曠」而著稱於世，在世界地質學界享有盛譽。最奇特的喀斯特地形就在這裡，特點是歷史久遠、種類齊全、發育完整，規模較大，是「天下第一奇觀」也是「造型地貌天然博物館」。

路南石林 2 億 7 千萬年前就形成了，經過漫長的地質演化、複雜的古地理環境的變遷，終於形成了今天這珍貴的地質遺跡。它涵蓋眾多的喀斯特地形類型，世界各地的石林類型都在此匯集：馬來西亞石林、美洲石林、非洲石林等。在相差不到 500 公尺的高差上，還有最豐富的類型：石牙、峰叢、溶丘、溶洞、溶蝕湖、瀑布、地下河等，錯落有致，洋洋灑灑，是典型的高原喀斯特生態系統和最豐富的立體全景圖。風景區範圍廣袤、氣勢恢弘，山光水色應有盡有。全區按照景觀的空間分布、景觀特點可以分成 8 個旅遊區：石林風景區、黑松岩也叫乃古石林風景區、長湖、芝雲洞、月湖飛龍瀑也叫大疊水風景區、圭山國家森林公園和奇風洞，其中石林風景區最具代表。「石林勝境」、「千鈞一髮」、「鳳凰梳翅」、「阿詩瑪」等著名景點多集中於此。

「遠近高低各不同」是石林景觀的真實寫照，觀賞路南石林也是這樣，觀賞的角度不同，看到的景色就不一樣。站在高處，視野擴大，石林看上去像一片幼苗，灰黑色的石林被綠樹紅亭點綴得更加秀美；從遠處看，石林又像是一層層疊起來的積木，疏密有致。

## 石林是如何形成的

在距今約 3 億 6 千萬年前的古生代泥盆紀時期，路南一帶還是滇黔古海的一部分。大約 2 億 8 千萬年前的石炭紀，石林開始形成。據推測，當時大海中的石灰岩經過海水流動時不斷沖刷，留下了無數的溶溝和溶柱。後來，這邊的地殼不斷上升，經過長期的沉積，滄海逐漸變成陸地，後又歷經了億萬年的風吹日晒、雨水沖蝕、地震……這一童話世界般的壯美奇景就留下來了。

一座座、一叢叢巨大的灰黑色石峰、石柱，昂首挺胸，直指青天，遠遠望去就像一片莽莽蒼蒼森林，「石林」之名正因如此。

## 路南石林的著名景點

路南的石林有獨石成景的，像「石鐘」、「唐僧」、「阿詩瑪」、「萬年靈芝」、「象居石臺」、「祝員外尋女」等；有兩個對稱的石峰構成的，像「孟母教子」、「母子偕遊」、「梁祝相送」、「依依惜別」、「雙鳥渡食」、「駱駝騎象」等；有眾石組成場面宏大的，像李子箐石林「石林勝景」、乃古石林「古戰場」等。

隨著觀賞角度的變化，石林的景觀也會變化，像李子箐石林的一塊石峰，平視它是一對夫婦握手訴說離別情之景：男的身著盔甲，女的揹著孩子，形態真切，因而為其取名為「喜相逢」。仰視它時，又覺得它是一隻背上馱著單峰駱駝的長鼻子大象從樹林中往外走，真是太神奇了。

石林在夜色之下充滿詩情畫意。經過億年的水洗風磨，使得石林處處透著靈光秀氣。詩人詠到：「石林，胸懷坦蕩、性格孤傲。從不願喬裝打扮，更不去沾花惹草。」旅行者說：「石林兼有五嶽之雄、三峽之奇、黃山之峭、桂林之麗、奇雄峭麗、融然天成。」有位作家感嘆道：「如此心馳的奇觀，如此神往的旅遊。不管遊人來自哪裡，是做什麼的都能引發無限的聯想：工人勾下線條，設想出的高樓大廈；農民攝下風采，憧憬著豐碩金秋；將軍看到了錚錚鐵骨，狂風中從不低頭；學者看到了中流砥柱，從不屈服……」人們的靈感，不正是來自石林石族的靈光秀氣嗎？

## 石林的獨特魅力

路南石林魅力不僅在自然景觀上有魅力，獨特的石林撒尼人風情也獨具特色。豐富而寶貴的民族、歷史文化資源在叢叢石峰和紅土地上閃著璀璨的光芒。以勤勞勇敢、熱情著稱的石林撒尼人是彝族的一個支系，2,000 多年來一直生活在這裡，與石林共生息，創造出以「阿詩瑪」為代表，內涵豐富、影響深遠的彝族文化。它不僅代表石林形象，也是雲南旅遊形象的代表。

彝文記錄的古老撒尼敘事長詩〈阿詩瑪〉如今已被譯成 20 多種語言在國內外發行，改編成中國第一部彩色歌舞片並享譽海內外；撒尼歌曲〈遠方的客人請您留下來〉也名揚天下；每年農曆 6 月 24 日的彝族火把節，是撒尼人特有傳統的節日，摔跤、鬥牛、火把狂歡節蔚為壯觀，被譽為「東方狂歡節」。

**延伸閱讀 —— 喀斯特地形**

所謂喀斯特（因南斯拉夫西北部的喀斯特高原是最典型的）地形又稱岩溶地形，是一種以石灰岩為主的地表可溶性岩石被水溶解後，發生溶蝕、沉澱、崩塌、陷落、堆積，從而形成石林、石峰、石芽、溶鬥、落水洞、地下河，以及奇異的龍潭、眾多的湖泊等特殊地貌。中國的雲南、貴州、廣西、廣東、福建、四川等省區都有分布，其中發育最好、最美的石林當首屈一指。中國第二次喀斯特學術會議在 1966 年召開，將「喀斯特地形」改成「岩溶地貌」，所以中國又叫「岩溶地貌」。

在碳酸鹽岩地層分布區，喀斯特地形最易發育。這種地層奇峰林立、岩石突露，石芽、石林、峰林、喀斯特丘陵等是常見的地表喀斯特正地形，溶溝、落水洞、盲谷、乾谷、喀斯特窪地等是喀斯特負地形；溶洞、地下河、地下湖等是地下喀斯特地形；還有與地表和地下密切相關聯的豎井、芽洞、天生橋等喀斯特地形。

# 樂業天坑群

「天坑」是一種奇異的景觀，是大自然給人類的造化之謎。連綿的群山之中，一個巨大的坑洞突然裸露出來，像斧劈刀削一樣雄偉的峭壁直立圍在坑洞的四壁。遠眺就像大山對著天空，張開巨大的嘴巴。

世界上最大的天坑群在中國廣西樂業縣，其數量和分布密度都是世界上絕無僅有的。全球有 13 個大型天坑群，其中就有 7 個是分布在樂業縣。大石圍天坑是最大且最深的，深達 613 公尺，南北寬 420 公尺，東西長 600 公尺。周邊懸崖峭壁，底部是一片原始森林。因為天坑如此之多，樂業縣被譽為「世界天坑之都」、「世界天坑博物館」。

## 天坑是如何形成的

天坑一般是單獨一座，但是樂業境內卻是成群的天坑。科學家考察發現在方圓 5 公里內就有 17 個大小不同規模的天坑。

關於樂業天坑成群分布的原因，地質學家認為，這與樂業縣特殊的地質構造有關：樂業縣地層是 S 形的旋鈕構造，天坑分布區恰巧就在兩個反向弧形的連接線上，也就是旋鈕構造的中間。在地殼震盪時發生，這個地區張力是最大的，拉扯形成裂縫。這一推斷同時解釋了凌雲、田陽、西林等與樂業鄰近的縣雖也具備同樣的地質條件，但卻沒有出現天坑的現象。

專家推測樂業天坑群的形成時間大約在 300 ～ 400 萬年前的新生代第四紀，調查發現該天坑群在形成的過程中發生過強烈的地殼抬升。樂業縣在雲貴高原東部低地過渡的地帶，根據中國地形的生成原因，這次的抬升運動發應該是著名的喜馬拉雅山造山運動，發生於距今約 300 ～ 400 萬年前新生代第四紀。這次的造山運動生成了雲貴高原，塑造了中國現有的地形。

大石圍天坑是樂業天坑群中最大的，在它底部的原始森林中曾發現過植物桫欏，該植物與恐龍同時代，所以它應該形成於距今 6,500 萬年前的恐龍時代。當然這個推測也有待商榷：桫欏雖然與恐龍同時代，但是否與恐龍同時毀滅則尚無法考證；另外如果樂業天坑群真的在恐龍時代就形成，經過幾千萬年的地殼變動，又是因為什麼而保持原貌呢？

因此，對於樂業天坑群的具體成因，還有待科學家進一步的研究探索。

## 天坑群中的奇絕景觀

白洞天坑是樂業天坑群景觀中最奇絕的，除了跟其他天坑一樣，它也具有地下原始森林和地下暗河，另外它還與 1,100 公尺外的天星冒氣洞相通，形成了最奇特的自然界呼吸奇觀：一邊洞口吸氣，另一邊洞口呼氣，而且方圓幾百公尺外，人們都能看到從洞口冒出的白煙。冒氣洞為什麼會冒氣？為什麼其他的天坑洞穴就沒有這種景象呢？對此專家還無法解釋。

樂業縣竹林壩屯的穿洞天坑也是著名的景觀之一。該天坑是多邊形，6 座山峰將其圍住，在所有天坑中，它峰體最多，是世界六大天坑之一，可以透過溶洞進入坑底，一覽坑底風貌的。穿洞天坑的存在也增加了天坑旅遊的神祕、新奇，特別是坑底西南端的廳堂式洞穴，它的頂部有一個小口天窗，光柱從 108 公尺的高處射下來，讓人覺得洞廳寬大而空曠，由於有球形洞室和天窗，這裡的景觀具有神祕感。集溶洞、光柱、地下河、原始森林於一體，是「天坑」的縮影。

此外集天坑、溶洞、高山、森林、瀑布於一體的黃猄洞天坑，是世界級的大石圍天坑群重要的組成部分，具有「奇、秀、幽、野」等景觀特色，氣候溫和，夏無酷暑，是觀光、休閒度假、科普考察的最理想場所。花坪景區、一溝景區、黃猄洞天坑景區、風岩天坑景區、盤古王景區和西南民俗風情園組成的黃猄洞天坑有 6 個，在 67 個風景點中最為獨特的是黃猄洞天坑。該天坑的地貌驚險而壯觀，口處有茂密的森林，坑底的大面積森林中有著大型的野生動物，坑內西側有些季節性瀑布，落差達 100 多公尺，坑內的天坑仙鴿、黃猄神像等 29 個自然風景點可說是天坑、森林、瀑布和神話的完美結合，在坑邊還有蛙王護洞傳說以及七仙女下凡的故事。

大石圍在樂業縣同樂鎮刷把村北，屬於紅水河南乾熱河谷地帶，有世界「岩溶聖地」的美稱，有垂直豎井（集獨溶洞、原始森林、珍稀動植物於一體），形成天然的洞中有河，洞底有洞。有兩條冷熱交會的地下暗河，其中有叢生挺拔的石筍，峭然擎天的石柱，晶瑩透亮的石簾，石瀑也隨處可見，景觀奇特而迷人。大石圍周邊村屯還有 20 多個石圍如百洞、神木、蘇家坑、鄧家坨、甲蒙、燕子、蓋帽、黃、風岩、大坨、穿洞等，是世界上獨一無二的「天坑群」。

百朗大峽谷是天坑群的另外一種獨特地形，它與大石圍底部有地下暗河相通。該峽谷長達 4,000 公尺，兩邊是高 1,000 多公尺的山峰石壁，夾著一線藍天。幾十個不同形態的大洞穴在谷中分布，裡面有千奇百怪的鐘乳石、生物化石。地質學家說那些巨大的鐘乳石，需要幾萬年乃至 10 萬年的時間才能形成。

樂業縣境內除已發現的天坑，是不是還有不為人知的天坑存在呢？一片神奇的崇山峻嶺之下，是不是還有正在坍塌的溶洞，突然有一天崩陷為新天坑呢？舊謎團的逐漸解開，新謎團又出現在人們面前。

### 延伸閱讀 —— 天坑

天坑這個詞在 2001 年之前通常是特指重慶奉節縣小寨天坑的。2005 年在國際喀斯特學術界，「天坑」這一術語獲得了一致

認可，從此「tiankeng」通行國際。

天坑就是一種特殊的岩壁，有巨大容積、陡峭而又圈閉，空間與形態特徵是奇異的：有深陷的井狀、桶狀輪廓，在特別厚、下水位非常深的可溶性岩層中發育，由地下到地表，平均寬度和深度都大於 100 公尺，底部與地下河相連接，是一種特大型的喀斯特負地形。

天坑的成因一般分兩種：常見的是像廣西樂業天坑群那樣的塌陷型，罕見的是像沖慶武隆後坪沖蝕天坑群那樣的沖蝕型。它的形成至少同時具備以下 6 個條件：

1. 石灰岩層要達到一定厚度，岩層夠厚，才能給提供天坑足夠的形成空間。
2. 要有很深的水位、很深的地下河。
3. 含氣體的岩層也就是包氣帶的厚度要夠大。
4. 要有足夠的降雨，確保地下河流量、動力足夠大，沖走塌落的石頭。
5. 要有平的岩層。從天坑四周的絕壁上看岩層與地面平行，如同一層層石板堆在周圍，這樣，岩層才能進行塌陷。
6. 要有突起的地殼，才能為岩層塌陷提供足夠動力。

到現在已被確認的天坑多達 78 個，有 2/3 在中國境內。關於天坑的考察和爭論是永遠不會停止的。

# 元謀土林

雲南的路南石林已中外馳名，其實這裡的土林也足以與石林相媲美。

這裡的土林分布廣，元謀縣的班果土林、物茂土林、浪巴鋪土林極為著名。元謀的土林、西雙版納的雨林、路南的石林是「雲南三林」。

元謀土林分布較廣，共有13處之多，其中以虎跳灘土林（又名「物茂土林」，通常所說的「元謀土林」景點即指此處）、新華土林（又名「浪巴鋪土林」）、班果土林是元謀土林群中面積最大、景色最壯觀、發育最典型、色彩最豐富的三座土林。

在中國乃至世界上，元謀土林都是一大奇觀。該地經歷長久的地殼運動，風雨之神又把這裡的土地雕琢成如此千奇百怪的樣貌。走進土林，彷彿進入了神祕的魔幻世界，眼前鬼斧神工般的景觀令人目不暇接。元謀土林的神奇魅力吸引了眾多攝影家、知名導演、地質學家來參觀取景與研究，這裡也就成了影視攝影天堂。電影《無極》、《千里走單騎》等就是在這裡取景拍攝的。

## 土林的形成

土林土柱的造型千奇百怪：有些像直指藍天錐劍，有些像整裝待發的威嚴武士，有些像凝視遠方的亭亭少女，有些頂上叢生的雜草有野花點綴；有些砂石壘壘，身軀裸露……這些混雜分布的各種形態使得土林形成了豐富多彩的姿態，讓人嘆為觀止。

科學研究發現，土林多由沙粒、黏土組成，其中還有很多動植物化石：中國犀、櫟屬性矽化木、劍齒象、劍齒虎等。這些早在第四紀（距今200萬年前）就沉積下來，砂子、黏土中有少量的鈣質膠結物，偶爾夾雜鐵質結合體，在漫長歲月中，土壤不斷吸水膨脹又失水收縮，地面發生龜裂；再加上雨水沿裂縫流動沖刷，久而久之裂縫逐漸加深加寬，土柱就逐漸顯露增高，形成土林。土柱身上的石英、瑪瑙也都顯露出來，在太陽的照射之下，發出奇異光彩。

總之，土林是在以水流為主的自然界外力作用下，經過千百萬年的時間所形成的，是一種奇異的自然地理現象，是在不同的地形結構、形成物質、水文氣候、土壤區塊、構造運動、水流動力等綜合因素的作用下形成的。

## 元謀土林的著名景觀

地理氣候條件的特殊使得元謀擁有規模龐大的土林景觀（約 40 多平方公里），而保存面積最壯觀、形態最優美的有平田的鄉班果土林、物茂的鄉虎跳灘土林和新華的鄉浪巴鋪土林。

虎跳灘土林距離縣中心 30 公里，面積 2.3 平方公里，土林多是金黃色，上層是粉紅色。大多柱狀土臺狀像城堡、屏風或房柱，高度多在 10 公尺左右，最高有 20 多公尺的。全景就像一片生機勃勃的原始森林，近看既像一組工程浩大的群雕藝術，又像一幅幅千姿百態的精美壁畫。進入土林，可尋到可愛的「小熊」、熟睡的「臥獅」、高大的「駱駝」、開屏的「孔雀」、活潑的「小貓」、調皮的「猴子」、高飛的「大雁」、兇猛的「虎豹」、報曉的「雄雞」等。生態組合別具風貌，有些像法國凡爾賽宮、歐洲古城堡、萬里長城的烽火臺，還有些像繁華的城市、有些又像寧靜的宅院。

班果土林距縣中心 18 公里，面積約 14 平方公里，為該縣面積最大的土林。發育期已過成熟期的班果土林進入殘丘期，塔狀土臺的高度較矮，最高的也只有 12 公尺，大多都只有 5、6 公尺。該處的柱狀土臺多色彩豔麗，以紅、白、黃為主色，陽光下色彩炫目，就像仙境一樣。明代徐霞客曾到過班果，被土林的景色所動容，為之讚嘆。以柱狀、峰狀為主的土林形態雄渾，土柱群體比較少，主要稀疏地分布在大沙河的兩側，也因為場地的開闊，成了電影《無極》的主要外景拍攝地。

浪巴鋪土林距縣中心33公里，面積約8平方公里，土林以高大密集、形態豐富、發育良好的圓錐狀土臺而聞名於世。該處的土林較高大，大部分高度在10公尺之上，最高可達42公尺，平均高度也是居元謀土林的首位。浪巴鋪土林色彩斑斕：紫紅、灰白、黃色相間，十分吸引人。土柱的形態還優美且富於變化，彩色的圓錐形土柱群落是最叫人驚嘆的重重疊疊的金紅色的錐形土柱在藍天白雲之下形成獨特而唯美的景色。

**延伸閱讀 —— 四川西昌黃聯關鎮土林**

距四川省西昌市約30多公里處，有一處土林 —— 黃聯關鎮土林。

黃聯關鎮曾經是南方絲綢之路的要隘，因山坡上多黃連樹得名，曾經有多少商旅在此留下通往南亞的足跡。鎮裡盡頭是黃聯關鎮土林。

黃聯土林全景4,000多畝，其中自然景觀超過600畝，配套石榴園超過400畝，風景區周邊植樹造林綠化形成森林面積3,000多畝。從北向南以溝壑斷崖為界分為三大板塊：第一塊風景區有通天門、觀月獅、氫彈爆炸、整裝待發、山中竹筍、峽關要道等景點；第二塊風景區有金箍棒、何仙姑、雙蛙戀、雄獅搖頭、雌獅擺尾、八百羅漢、江山多嬌等景點；第三塊風景區有天玉柱、阿詩瑪、夫妻柱、藍天頂峰、盤龍望日、長二捆火箭、待發火

箭、哈巴狗、銷魂洞等景點。三大風景區一共 300 多個景點，千姿百態、神形逼真、奇妙無窮風景讓人流連忘返。

# 巨人之路

英國北愛爾蘭安特里姆平原邊緣沿海岸懸崖的山腳，有六邊形、五邊形、四邊形的石柱組成的賈恩茨考斯韋角約有 3 萬 7 千多根，從大海中冒出來，一直從峭壁延伸到了海面，數千年如一日，屹立在大海之濱，這些石柱被稱為「巨人之路」。

## 巨人之路的傳說

巨人之路還被稱為巨人堤、巨人岬，名字源自愛爾蘭的民間傳說。一種說法：是愛爾蘭巨人芬 · 麥庫爾（Fionn mac Cumhaill）建造了「巨人之路」。將岩柱一個個地運到海底，他就這樣走到蘇格蘭，與對手芬 · 蓋爾交戰。當他完工時決定休息一下。同時對手芬 · 蓋爾也決定穿越愛爾蘭，來看一下他，但被麥庫爾巨人的巨大身軀嚇壞了。麥庫爾的妻子跟他說這只是巨人的孩子，蓋爾考慮到這小孩都這麼大，他的父親當然更是龐然大物，擔心自己的生命，便匆忙地逃了回去，還毀了身後的通行堤道，擔心芬 · 麥庫爾走到蘇格蘭。今天，所看到的這些殘存堤道都在安特里姆海岸上。

另一種說法稱它的建造者是愛爾蘭國王軍指揮官巨人芬 · 麥庫爾，是為了迎接他心愛的人而專門修建。傳說，愛爾蘭國王軍的指揮官有無窮的力氣，一次，和蘇格蘭巨人打鬥，他只是隨手拾起一塊石頭，擲向逃跑的對手時，石塊落盡了大海，巨人島就形成了。後來他愛上了一位巨人女孩，她住在內赫布里底群島，為了把她接到身邊，他便建造這一堤道。

傳說當然都不可信，但卻為巨人之路蒙上了一層神祕面紗。俯瞰巨人之路，在蔚藍色大海的襯托下，這條赭褐色的石柱堤道分外醒目，惹人遐想。那麼，究竟是什麼樣的自然力量造就這一舉世聞名的奇觀呢？

## 巨人之路是如何形成的

研究巨人之路的構造之後，現代地質學家們終於揭開它神祕的面紗。「巨人之路」實際上是一種天然玄武岩。在白堊紀末，雛形期的北大西洋開始持續分裂、擴張，大西洋中脊就是中心，也是分離的板塊邊界。從中脊的裂谷中上湧的上地函岩漿覆蓋著大片地域，熔岩層層相疊。

那時北大西洋的主要位置已經定下來，但邊界還處於形成、變化階段。北美大陸與歐亞大陸雖然已經分開，可是，它們之間新形成的海道還處於發展中。格陵蘭西海岸與加拿大約 8,000 多萬年前分離，但是，東南海岸仍與對面不列顛群島的西北海岸緊緊連在一起。約 2,000 多萬年，這些海岸才開始分開。這一系列地質轉變，使得大西洋兩岸地殼運動更加劇烈，火山噴發更加頻繁。古老火山噴發後，遺留下大量洪水、高原、玄武岩。

大約 5,000 多萬年前（即第三紀），在現在蘇格蘭西部內赫布里底群島一線至北愛爾蘭東部的火山非常活躍，噴發出大量的玄武岩。這是一種特別灼熱的流體熔岩，而流體熔岩較容易散布於很大的面積，於是就有「氾濫玄武岩」這一術語。它們形成的大塊熔岩遍布了整個火山活動區。在印度德干高原，類似的地質情況也存在，德干高原在約 4,000 ～ 6,000 萬年前形成了 70 萬立方公里的玄武岩熔岩。

一股股的玄武岩熔岩，從地殼裂隙裡湧出來，流進大海，遇海水後，迅速地冷卻，變成了固態玄武岩，收縮結晶。岩漿在凝固過程中發生爆裂，且因收縮力平均，就形成了規則的六棱柱柱狀體圖案。這一過程就像在陽光暴晒下龜裂的泥潭底部的淤泥發生的變化一樣。玄武岩熔岩石柱主要特點是裂縫直著上下伸展，水流就可以從頂部通往底部，於是就形成了獨特的玄武岩柱網路。不可思議的是，所有的玄武岩都併在一起，只有極為細小的縫隙。火山熔岩是在不同時期、分五六次溢出來的，因此，峭壁形成多層次的結構。「巨人之路」就是柱狀玄武岩石這一地質的完美表現。

自形成以來，賈恩茨考斯韋角玄武岩石柱受大冰期的冰河侵蝕，也受過大西洋海浪的沖刷，高低參差的奇特景觀就逐漸被塑造出來。其實每根玄武岩石柱都是疊合的若干塊六棱狀石塊在一起組成的。沿著石塊間的斷層線，波浪把暴露的部分逐漸侵蝕掉，石柱在不同高度處被截斷，鬆動的被搬運走，使得「巨人之路」顯出臺階式外貌雛形。千萬年的侵蝕風化後，玄武岩石堤的階梯狀效果最終就形成了。

## 巨人之路的優美景色

包括低潮區、峭壁、通往峭壁頂端的道路以及一塊高地的巨人之路海岸，峭壁的平均高度是 100 公尺。這條海岸線上，巨人之路是最具有特色的，這 3 萬 7 千多根大小均勻的玄武岩石柱聚集成一條綿延數公里形狀很規則的堤道，看上去即將像人工鑿成的。排列在一起的大量玄武岩石柱形成壯觀的玄武岩石柱林。它們美輪美奐的造型、磅礴的氣勢讓人嘆為觀止。巨人之路在 1986 年被聯合國教科文組織評為世界自然遺產，它也是北愛爾蘭有名的旅遊景點。

這些組成巨人之路的石柱，典型寬度約為 4.5 公尺，它們多為六邊形，當然也不乏四邊形、五邊形、七邊形和八邊形，岬角的最寬處約 12 公尺，而最窄的地方僅有 3 ～ 4 公尺，這裡也是石柱最高的地方。在這裡有些石柱高出海面 6 公尺多，最高者則可達到 12 公尺，其上凝固的熔岩約厚 2.8 公尺，還有些石柱隱沒在水下，或者和海面一樣高。

站在較矮小的石塊上，人們可以看到它們的截面，這些截面都是規則的正多邊形。不同石柱的形狀有如「煙囪管帽」、「大酒缽」、「夫人的扇子」等形象化的名稱。

## 巨人之路的未來

2008 年 1 月，英國皇后學院的一份報告指出，由於全球暖化，海平面上升，世界遺產巨人之路面臨威脅。

這份報告預測到 21 世紀末，海平面將會上升 1 公尺，更嚴重的是，隨之而來的海浪、風暴將會更猛烈地襲擊「巨人之路」。報告還預測「巨人石道」上的石塊在西元 2050 年到 2080 年左右將會變得更陡峭。等到 22 世紀初，部分巨人石道上的獨特景觀人們將再難見到了。

### 延伸閱讀 —— 玄武岩

玄武岩化學成分與輝長岩相似，屬於基性噴出岩，主要的礦物成分是基性長石、輝石組成，次要的礦物是橄欖石、角閃石、黑雲母等。岩石都是暗色，多是黑色，有時還呈現灰綠、暗紫色等，多呈斑狀結構。

玄武岩的密度有 2.8 ～ 3.3g/cm3，緻密者達 300MPa，壓縮強度非常大，有時還會更高，只有在有玻璃質或氣孔時強度才會有所降低。玄武岩耐久性非常高，節理很多，而且節理面多是六邊形，很有脆性，所以不易採到大塊的石料。

玄武岩的主要成分是氧化鐵、氧化鈣、二氧化矽、三氧化二

鋁、氧化鎂，還有少量的氧化鉀、氧化鈉，其中二氧化矽約占一半左右，含量最多。

在世界其他地方，與「巨人之路」類似的柱狀玄武岩石地貌也有分布，冰島南部、蘇格蘭內赫布里底群島的斯塔法島、中國江蘇六合縣的柱子山等就是例子，但都不像巨人之路這樣表現得如此完整、壯觀。

## 魔鬼城

離新疆克拉瑪依 100 多公里的烏爾禾地區有個魔鬼城，是大自然的獨特傑作。遼闊的地平線之上聳立著一道像古代城牆的青灰色雲帶。「城牆」上方有層層疊疊、高低不同的暗黃色山峰，與古城堡很像，不禁讓人想起《西遊記》裡的妖洞魔府。

魔鬼城地處風口，四季多風，是奇特的風蝕地形。大風襲來，黃沙遮天蔽日。風聲在風城裡淒厲呼嘯、激盪迴旋，如同鬼哭神嚎一般，讓人毛骨悚然，「魔鬼城」也就因此得名。

### 魔鬼城中有什麼

在魔鬼城中，有各種像極了城堡、殿堂、佛塔、碑、人物、禽獸的景觀，還有令人眼花撩亂的陡壁懸崖和混雜岩礫中的五光十色的瑪瑙、隨處可見的是矽化木、枝葉新鮮的植物化石等，偶爾還能找到像恐龍蛋化石的小圓石頭、海生魚類化石、鳥類化石等。

其實，這裡真正存在不少的古城堡建築和民房遺址，例如艾斯克霞爾古城堡，它是一座長方形夯土建築，在離地面約 6 公尺的風蝕臺上，約有 5 公尺高，前有門窗，是人類活動的地方，也是古絲綢之路的驛站，還是哈密王朝西南的前哨。科學家推測這裡西向的沙爾湖（由流沙通向羅布泊）乾涸之前，應該也有村莊人家。當水源游移（地殼變化）沙爾湖消失後，林木飛鳥在風沙中，部分變為化石，而此地居住的人只得離鄉背井，連先祖的遺骨也移走，至今僅有遺址。

## 魔鬼城的地質形成

魔鬼城呈西北 —— 東西走向，長寬都約 5 公里以上，方圓約 10 平方公里，地面海拔 350 公尺左右。

據考察，約 1 億多年前白堊紀時，這裡是一個淡水湖泊，非常大，湖岸長著茂盛的植物，水中棲息繁衍著遠古動物，如恐龍、烏爾禾劍龍、蛇頸龍、準噶爾翼龍。可以說，這裡是一片水族歡聚的「天堂」。後來，經過幾次大的地殼變動，湖泊變成了夾雜砂岩和泥板岩的陸地瀚海，地質學上也稱它為「戈壁臺地」。

千百萬年來，因風雨剝蝕，地面就形成了有深有淺的溝壑，裸露的石層也被狂風雕琢成了奇形怪狀。血紅、湛藍、潔白、橙黃的各色石子不滿了起伏的山坡，就像魔女遺珠，神祕色彩就更強了。

## 還有哪些魔鬼城

除了上述的烏爾禾魔鬼城外，新疆的魔鬼城還有奇臺魔鬼城，它在奇臺縣的西北，面積達 84 平方公里，主要是「青壯年」雅丹群組成的。

此外還有兩處魔鬼城：一處在奇臺將軍戈壁的北邊，吉木薩爾北部的五彩城是另一處。

將軍戈壁十分神奇、又十分迷人，獨特的地理環境使得它孕育出獨具特色的自然景觀：有些像火山，烈焰騰空，有些像紅柳火陣，紅氈鋪地，有些像梭梭林，綠意如春，還有些像海市蜃樓，如夢如幻。遠遠望去，一泓春水，微波蕩漾，沙丘小樹在裡面點綴，亭臺樓閣被幻化出來，虛無縹緲。偶見閃動的身影，就像閒雲野鶴。

另外與魔鬼城並稱為戈壁的「四大奇蹟」的亞洲最大矽化木群、文明全國的恐龍溝和化石之庫石錢灘也都在這裡。

奇臺魔鬼城是雅丹地形，物理風化、剝蝕崩塌、洪水侵蝕形成了城市的「建築物」、「街巷」，再加上風力侵蝕，各式各樣的造型岩石就形成了。組成該城的地層，與侏羅紀、白堊紀的紅、黃、灰白、過度類型的彩色砂和泥岩相近。在大自然鬼斧神工的長期作用下，形成了一個夢幻般的迷宮世界，「布達拉宮」、「吳哥窯」、「羅馬鬥獸場」、「富士山」……古今中外的名勝古蹟應有盡有；「石猴觀海」、「大鵬展翅」……各式各樣的造景地形琳瑯滿目。

五彩城又叫五彩灣，因五彩繽紛的地貌特徵而得名，也是一幅大自然的傑作。千百年來，由於地殼運動，這裡形成很厚的煤層，幾經大自然變化後，地表覆蓋的沙石被風雨剝蝕，煤層暴露出來，雷電、陽光的作用之下，燃燒殆盡，光怪陸離的自然景觀也就形成了。

對五彩灣之「彩」，有很多說法：一種說法是此地原來是在海底，各類海生動植物，經過億萬年積壓，成了石頭，並展現出五彩；另一說法是各種不同的礦物質，經風吹日晒，不同的顏色顯現出來。不過，對於五彩灣真正的成因，至今還是個「謎」。

**延伸閱讀 —— 認識澳洲波浪岩**

海頓岩在澳洲西部的海頓城附近，是一個巨大岩層。它的北端有一處奇特景觀：遠望如同地上騰起一個來勢洶洶的滔天巨浪；近看會發現它原來是一塊倒立顏色豔麗的巨型怪岩，讓人驚嘆。這就是被稱為世界第八大奇觀、澳洲奇景——波浪岩。這塊大岩石並不是一塊獨立岩石，而是連接了往北100公尺的海頓石、形狀像張口河馬的荷馬岩和駱駝岩，這些串連成風化岩石。

波浪岩的命名源自其形狀像極了一排巨大、凍結的波浪，它的長度約100公尺。雖然屹立在光禿乾燥的土地上，但波浪岩大約在27億年前只有部分在地下，後來，滲入地下水把平直的岩石底部侵蝕掉。等岩石周圍土壤被沖刷掉後，風也隨之而來，岩石的外形因此發生了改變，風挾著沙粒塵土，日夜這樣吹蝕，把較下層外表也挖去了，僅留下蜷曲狀的頂部。於是雨水把礦物質、化學物沿著岩面沖刷，就這樣留下一條條紅褐、黑色、黃色，或灰色的條紋。

波浪岩曾經被埋在西澳洲中部沙漠，1963年一位攝影師旅行中拍攝的波浪岩畫面在紐約國際攝影比賽中獲獎，之後，照片又做了美國《國家地理雜誌》的封面，於是它一時之間聲名大噪。波浪岩於是成了攝影師們爭先取景的地方。

波浪岩附近有一座叫馬口的美麗岩石，它是一座外形像河馬嘴的空心岩。背面幾公里處還有一組叫駱峰岩石的奇形怪石。澳洲這個區域還以產金而聞名於世。成千上萬人在19世紀末來這裡淘金，後來又湧向了別處，但如今這裡的新舊金礦仍然在進行黃金開採。

## 神祕的羅布泊

在新疆維吾爾自治區東南部、塔里木盆地東部的最低處，盆地中塔里木河、孔雀河、車爾臣河等河流匯集成巨大的羅布泊，蒙古語裡叫「羅布淖爾」即多水匯入之湖，古代也叫泑澤、鹽澤或蒲昌海等。它海拔 780 公尺，面積約有 2,400 ～ 3,000 平方公里，在塔里木盆地東部的古「絲綢之路」上。自 20 世紀初，瑞典探險家斯文 · 赫定（Sven Hedin）闖入羅布泊後，它才逐漸被世人所知。

1921 年後塔里木河東流，羅布泊的湖水有所增加，1942 年測量時湖水面積達 3,000 平方公里，是中國第二大鹹水湖。1962 年，湖水減少到 660 平方公里。1970 年後，湖泊乾涸，現僅為一大片鹽殼。

羅布泊乾枯後，就連胡楊樹現在也成片倒下、枯萎，儘管它們被稱為千年生而不死，千年死而不倒，千年倒而不枯。

### 羅布泊的歷史

古羅布泊誕生於距今已有 200 多萬年的第三紀末、第四紀初，面積超過 2 萬平方公里。湖底盆地在新構造運動的影響下，從南向北傾斜抬升，分割出幾塊窪地。

漢代羅布泊「廣袤三百里，其水亭居，冬夏不增減」，豐沃的它使人猜測它「潛行地下，南也積石，為中國河也」。原先認為羅布泊是黃河源頭的錯誤觀點，從先秦到清末，一直流傳了兩千多年。

西元 4 世紀，「水大波深必汛」的羅布泊西面的樓蘭到了用水的拮据的窘況，甚至要用法令來限制。到清末，羅布泊水漲時也只有「東西長八九十里，南北寬二三里或一二里不等」，只是區區一個小湖。

塔里木河 1921 年改道東流，注入羅布泊。湖的面積到 1950 年代又多達 2,000 多平方公里了。1960 年代，塔里木河下游斷流，羅布泊也就逐漸乾涸。羅布泊在 1972 年底徹底乾涸成了一個恐怖的地方。

## 羅布泊的主要景點

羅布泊不單是地域名稱，給人感覺更多的是神祕。有一段貼切描繪它的文字：「羅布泊其實是匯入多水湖之意，為內陸最大的移動鹹水湖。大自然曾造就了 5,400 平方公里湖面的羅布泊，在最近的百年間，湖水已乾涸見底。如今，展現給我們的是一片荒蕪的景象：湖泊乾涸、河水斷流、古堡滄桑，生命彷彿在這裡戛然而止。這難道就是當年唐玄奘西天取經的大道嗎？這難道就是馬可 · 波羅從威尼斯至古老東方經過的地方嗎？當年絲綢路上的駝鈴、樓蘭古城的歌舞一切都已消失，只留下那不解之謎，讓探險者冒生命危險去挖掘、去破解……因此，羅布泊被稱為世界最恐怖的七大風景區。

那麼，現今的羅布泊還有哪些風景呢？

✧ **營盤漢代遺址**：它是羅布泊地區中保存較完好的一處古遺址，有直徑 300 公尺的圓形城牆，現在還殘留高近 6 公尺的牆面；城西有一座佛塔的遺址，碎土還是金字塔形狀。古城北邊 2 公里處高臺地上，還有佛塔基座，它的西面是著名的古墓群，是該區最大的墓葬群。資料顯示營盤是官辦的屯兵驛站，一方面能扼守絲綢之路的中道，產生保護商旅的作用；另一方面孔雀河從西邊流過該城，土地可以屯墾。

✧ **龍城雅丹**：它屬於羅布泊地區三大雅丹群的一個，在羅布泊的北岸。土臺群都是東西走向的長條土臺，遠看就像一條游龍，因此，它也被稱為龍城。龍城雅丹又稱為白龍堆雅丹，《中國國家地理》將它評選為中國最美的三大雅丹第二名，被稱為「最神祕的雅丹」，因為幾乎沒有人見過它的真實面貌。

✧ **太陽墓**：它在孔雀河古河道的北岸，古墓有幾十座，每座中間都用一圓形木樁圍著，外面有用一尺多高的木樁圍成的 7 個圓圈，它們組成若干條射線，就像太陽放射光芒的樣子。碳 14 測定太陽墓已經有 3,800 年了。它是哪個民族、哪個部落的墓地至今還是一個不解之謎。

✧ **古胡楊林**：它在太陽墓地的西面古河道北岸的一片臺地上，成片株距、行距相同、樹幹枯死的胡楊林。成排成行的枯樹帶顯示出人工營造的特徵。

✧ **庫木克塔格沙漠**：這是一個高海拔沙漠，在阿爾金山、湖盆之間，是中國的第三大沙漠，以它獨特的羽毛狀沙帶而聞名。

✧ **孔雀河**：它源自博斯騰湖，經過庫爾勒、尉犁縣，進入到羅布荒漠。現在，中游河道已布滿了流沙，偶爾還會有稀疏的胡楊樹、蘆葦和紅柳等，下游河道已經沒有任何植被，是一片死寂的荒漠。

✧ **樓蘭古城**：這裡是古樓蘭國的遺址，是西域 36 國之一。它在歷史舞臺上僅僅活躍了四五百年，在西元 4 世紀就神祕消失了，至今還不確定原因。過了 1,500 多年之後的 1900 年 3 月 28 日，瑞典探險家斯文 · 赫定和羅布人嚮導奧爾德克又發現它，使它重新轟動世界，被稱為「東方龐貝城」。一百多年以來，它一直是世界各地的探險家、史學家、旅行家們研究和考察的熱點。

## 羅布泊的謎團

羅布泊之所以神祕，是因為至今仍有無數謎團困擾著人們，從而吸引越來越多的人前去尋找答案。在羅布泊，很多神祕的事件至今都無人能解答。

大耳朵之謎：美國太空總署發射的地球資源衛星在 1972 年 7 月拍攝到羅布泊，它的形狀很像人的一隻耳朵，耳輪、耳孔和耳垂都有。「地球之耳」是怎樣形成的呢？有人認為它是 20 世紀中後期，天山南坡的洪水將它沖擊出來的。洪水當時穿過沙漠流進湖底，攜帶大量的泥沙，同時也沖擊溶蝕著原本的湖盆，水流繼續往水下形成突出的環狀條帶。乾涸湖床微妙地產生變化，並影響了局部成分，乾涸的湖床受到影響，「大耳朵」就這樣形成了。但也有人不同意這種觀點，科學家們對此一直爭論不休。

詭異之謎：為揭開它的真實面目，從古至今有無數的探險者深入其中，羅布泊因此更增添了神祕色彩。有人說它是亞洲大陸上的「魔鬼三角區」，古絲綢之路就從此穿過，這裡枯骨到處都有，不知有多少孤魂野鬼在這裡遊蕩。西行取經的東晉高僧法顯，路過此地時曾寫下「沙河中多有惡鬼、熱風，遇者則死，無一全者……」很多人竟然在距泉水不遠的地方渴死，真是太不可思議了。1949 年，一架飛機從重慶飛往烏魯木齊，在鄯善縣的上空失蹤了，到 1958 年，在羅布泊東部，人們發現了它，機上全部人員都死了。飛機本是往西北方向飛行的，可是，為什麼突然改變了航線，飛往南方呢，這讓人很難理解。1950 年，一名軍人在此發生事故失蹤，到了 30 多年後，他的遺體才被地質隊在羅布泊南岸紅柳溝中發現，那裡遠離出事點一百多公里。1980 年 6 月 17 日，在羅布泊考察的科學家失蹤了，官方出動大量的人力、物力去尋找他，結果卻一無所獲。1990 年，哈密 7 人組乘著一輛小客車去那裡找水晶礦，一去就沒有回來。到了 2 年後人們才在一處陡坡下，發現了 3 具屍體，而其他人至今仍下落不明，小客車停在離屍體 30 公里的地方。1995 年夏，3 個工人乘車去那裡探寶失蹤，後來，在距樓蘭 17 公里處，探險家發現其中 2 個人的屍體，死因不明，另一個人則至今下落不明，他們的汽車卻完好無損的，甚至水

和汽油都不缺，這真叫人覺得不可思議。1996 年 6 月，中國探險家余純順在此徒步探險時失蹤了，他的屍體被發現時，法醫鑑定已經死了 5 天了，原因是乾渴而死，人們發現他死時頭部是朝著上海的方向……這神祕詭異的現象，也讓這裡更加充滿奇幻色彩。

游移之謎：中外科學家們在新疆考察後，對它的確切位置爭論不休，最終，瑞典探險家斯文 · 赫定得出「羅布泊游移說」他認為，羅布泊有南、北湖區，由於入湖的河水帶著大量的泥沙，沉積後，抬高了湖底，自然原來的湖水就向另一處低的地方流去。很多年後，因風蝕抬高的湖底再次降低，湖水再度回流，這個週期大約 1,500 年。雖然，他的學說曾得到世界認可，但也有人對此提出懷疑，使人們對這幽靈般的湖泊更覺撲朔迷離。

**延伸閱讀 —— 樓蘭美女的發現**

在 1980 年的 4 月，新疆考古研究所和《絲綢之路》的拍攝組 50 人大型考察隊到古樓蘭進行考古調查。發現了很多新東西，其中之 ·是一批早期樓蘭人墓群，在羅布泊北端、孔雀河下游的鐵板河出口處，還發現「樓蘭美女」 —— 是一具保存很完整的古樓蘭人乾屍。

女乾屍墓葬是長方形豎井土穴墓，穴坑深、長、寬分別是 1 公尺、1.7 公尺、0.7 公尺，墓中無葬具，直接在土穴內。出土時，古屍仰身直肢，臉部蓋著一個像簸箕似的長扁筐，筐沿蓋到胸口，筐上還蓋著一層約 30 公分的厚樹幹，上面還壓了一層約 10 公分的蘆葦，蘆葦上面還壓著一層厚約 10 公分的細樹幹，上面再壓上砂土。墓穴的東西兩端分別插立著兩根粗樹幹。覆蓋物除去後，可以看到古屍用毛布裹身，在胸口交接處，削尖的小樹枝將毛布別住；下身裹著處理過的羊皮；頭上戴著毛帽，帽子上還插有兩根雁翎；腳上穿著毛皮外翻的鞋，用粗羊毛線縫接的，沒有穿襪子。頭下左邊有一個提簍，提簍是用香蒲草、芨芨草編成的，裡面滿填了泥土。手臂有一把木梳，削刮成圓尖的木齒嵌到兩塊硬皮拼夾，裡面灌注了皮膠，可說是中國最古老的木梳。

古屍的外形保存完整，臉面較瘦削，鼻梁又尖又高，眼深邃，連毛髮、皮膚和指甲都保存得很完整，還能清晰地看到長長的眼睫毛。頭髮是深褐色的，蓬散披在肩上，皮膚是古銅色的，身體較強健，看起來生前是一位中年婦女。

出土後，古屍曾被猜測成沉睡千年的美女，還成為當時轟動中外的考古新聞。新疆醫學院、上海自然博物館、上海醫科大學解剖中心都對其進行過研究。

解剖研究發現古屍距今約 3,880 年，年齡在 40 歲左右，生前身高應為 155 公分左右。屍體呈自然仰臥，兩眼閉著，面容自如，眉和睫毛還很清晰，棕黃色的頭髮較細密，長約 20 ～ 25 公分，頭髮上有大量的頭屑，還有頭蝨、蝨卵。皮膚是紅棕色的，手壓在右股的前部，臂部的皮膚有彈性。內臟雖仍保存，但已經乾硬、脆薄或呈萎縮狀。檢驗發現她屬於古歐洲人種，O 型血。肺泡腔內有成堆的黑色塵粒，說明死者生前的生存環境是風沙嚴重的地區。

死後沒有採取防腐措施就埋入墓中，但是樓蘭女屍卻能完整保存下來，這引起了人們的高度興趣。專家判斷：客觀原因一個

是羅布泊乾旱和較大的揮發量；另一個是墓地築在高臺上，沒有水淹到這裡，墓穴不是很深，屍體上的覆蓋物是砂土、蘆葦、紅柳枝，較鬆散，易透氣，水分容易蒸發。主觀原因是冬季入葬，嚴寒季節限制了細菌的活動，乾風多，使屍體還沒來得及腐爛就已經迅速脫水變乾，減緩了氧化。

## 烏盧魯國家公園

一個巨大的紅砂岩孤獨地矗立在澳洲多沙且炎熱的北部平原，非常壯觀。原住民族阿波利基尼人稱它為「烏盧魯」，是「遮蔭之處」的意思，他們把它當做神聖之地。

砂岩的底部有一些淺洞穴，洞裡有雕刻、有壁畫。神祕莫測的洞穴是阿波利基尼人躲避白天日晒的場所，西方人稱它「艾爾斯」。19 世紀中後期，到此地的吉爾斯和葛斯探險家使歐洲人首次親眼見到它的風采。於是，他們就拿當時南澳總理艾爾斯爵士的名字命名它。

建於 1958 年，面積 1,325 平方公里的烏盧魯國家公園主要由艾爾斯巨石和卡塔曲塔岩山構成，這些巨石和岩山早在 6 億年前就形成了。

### 艾爾斯巨石與卡塔曲塔

目前世界上最大的巨石 —— 艾爾斯巨石的成分是礫石，呈橢圓形，是風沙雕琢而成的。長、寬、高分別是 3,600 公尺、2,000 公尺、348 公尺，比周圍荒漠平原高出 335 公尺，周長約有 8.8 公里。岩石很光滑，就像兩端略圓的長麵包。巨石整體上呈現紅色，碩大無比，像一個臥躺的巨獸。突兀立在廣袤沙漠，非常醒目。既沒鳥獸來這裡棲息，也寸草不生，只是偶爾有蜥蜴在這裡出沒。陽光照耀之下，艾爾斯巨石發著亮光，隨著陽光方向變化，它還能顯出不同的顏色，這種自然景觀非常少見。該現象是由於岩石中含的鐵，在一定的空氣溼度中，發生了氧化反應。因風化，石上形成奇特的洞穴和裂縫，夕陽之下，南壁上裂縫的形狀很像人的頭蓋骨。

研究發現，是 5 億年前地殼運動升起的砂岩形成了今天的艾爾斯巨石，周邊是一片沙丘，石塊的大部分被埋在沙下，只有平坦的頂部露出沙上。地質學上稱這種構造為「島山」。石塊的表面有很多平行的槽溝，周圍長達 10 公里，有奇形怪狀的洞穴，這是風化形成的。東北面還裂出一塊 150 公尺高、依附在岩壁之上的薄岩塊，被稱為「袋鼠尾巴」，原住民族把它看做神的象徵。

以沉積岩為主要成分的卡塔曲塔在烏盧魯西的岩石圓頂屋。風雨長期侵蝕，岩石表面被磨蝕成現在屋脊的形狀，當地人把它稱為「巨人」。

艾爾斯地區在 1985 年設置烏盧魯國家公園，所有權和管理權歸當地原住民族所有。這裡的澳洲原住民族在周圍住了幾千年，將他們視為生活的一部分，他們認為烏盧魯是祖先足跡的交會點，這裡的每塊岩石、每個懸崖、每個漂石、每個岩洞都具有神聖的意義。

1994 年，在烏盧魯國家公園地區，人們認識到了公園自身重要的文化價值以及原住民族和自然環境共生關係的重要意義，在世界文化遺產中對它進行了重新登記，成了繼紐西蘭的東格里羅國家公園 1999 年 3 月被稱為「文化景觀」的遺產後的第二個。

## 烏盧魯國家公園的資源

烏盧魯國家公園有 480 種植物，70 種爬行動物，40 種哺乳類動物，還有 150 種鳥類。爬行動物中以體長達 2.5 公尺、皮呈橄欖綠、身上裝點

著美麗花紋的巨蜥最為著名。這裡還有長達 1.8 公尺、有劇毒的褐眼鏡王蛇、西部眼鏡蛇，它們以沙丘間的青蛙、蜥蜴、袋鼴、跳鼠等為獵物。白天紅袋鼠也偶爾到這裡來吃草，岩袋鼠則很膽小，只敢躲在岩洞裡。

該處以壯觀的地質學構造而聞名中外，公園奇特的岩石組合在地質學家眼中代表了特殊構造的侵蝕過程。烏盧魯和卡塔曲塔的岩石組合和鄰近具有重要科學意義的動植物組合，與大範圍的沙漠背景形成了強烈反差。因此，該公園被聯合國教科文組織認定為生物圈保護區。

## 烏盧魯國家公園的存在意義

有人把烏盧魯稱為「澳洲的紅色心臟」。在烏盧魯的洞窟裡，留下了古代安納庫人描繪的壁畫，壁畫表現了安納庫人中的久庫魯巴流傳的故事，傳承下來如何生存的法則，還有他們深深扎根於久庫魯巴信條中的宗教觀、人生觀。在烏盧魯的中間有一條縱向凹陷，傳說是蛇爬過的痕跡。

從大自然的景觀中，安納庫人領會到神聖的含義，這片大地的歷史也由他們口耳相傳。烏盧魯向西大約 30 公里處，有一個被安納庫人稱之為「卡塔丘塔」的地方。卡塔丘塔是「很多腦袋」的意思，它同烏盧魯一起被登錄為世界遺產。據說這裡是安納庫男子的神聖之地，女性不得進入。

烏盧魯洞窟過去曾是孩子們舉行成年儀式的地方。孩子們離開父母，要在這裡過集體生活。他們將學習安納庫文化 ——「久庫魯巴」法則奉為最根本的信條。男孩學習如何狩獵，女孩子學習如何尋找果物、水源和其他一些生存所需的植物學知識。在烏盧魯學到成年人應具備的一切能力後，孩子們就算長大成人了。用自己的傳統和智慧，安納庫人從這片土地上取得的收穫應有盡有。

攀登烏盧魯是烏盧魯的最大亮點，可對於安納庫人來說，這是聖地，他們是絕對不會登上去的。一位一直守護祖先土地的人說：「即使你登上了烏盧魯，你也看不清它的真面目，所以還是請你離岩石遠一些，然後用你的心來凝視它吧」。

## 延伸閱讀 —— 烏盧魯岩畫

曾有一家專門探討不明飛行物的網站「UFO 區」聲稱，澳洲烏盧魯國家公園中那些古老的岩石繪畫描繪的其實是外星人到地球的故事，這是外星人造訪地球的證據。

烏盧魯公園裡的岩畫真的是外星人的傑作嗎？有些原住民族文化專家並不認同。他們覺得這些繪畫可能是古老的原住民族神話，而且這樣的岩畫並不是烏盧魯公園所獨有的，澳洲很多地方都可以找到，它們代表著許多不同的文化。

專家表示，原住民族自古以來就把標記刻在岩石上，因為將畫作繪在岩石就可以使畫長久保存，所以，我們現在仍然能看到他們那個時代的岩畫。雖然，很多是為了儀式而畫的，但也會有為了好玩而刻下的標記，像手的圖案、飛鏢的輪廓等。一些繪畫應該都在數千年乃至數萬年前完成的，年代久遠。當然並非所有繪畫都那麼古老，也有一些是現代人畫的。因此，它們與外星人根本就沒有關係。

# 骷髏海岸

在非洲西南部納米比亞的納米比沙漠與大西洋冰冷的水域之間，有一片長約 500 公里的海岸線。曾有葡萄牙海員叫它「地獄海岸」，現在人們叫它「骷髏海岸」。這條海岸線備受烈日煎熬，顯得十分荒涼，卻又異常美麗。海浪猛烈地拍打著沙灘，把海中的小石子翻上灘頭，在太陽下熠熠發光，替恐怖的海岸帶來一絲光亮。瑞典生物學家安迪生在 1859 年到這裡，一陣恐懼使他不寒而慄，他喊到：「我寧願死也不要流落到這樣的地方！」

## 恐怖的「地獄海岸」

俯瞰骷髏海岸，它是一片金色沙丘，褶痕斑駁，還是一片從大西洋向東北延伸，直到內陸的砂礫平原。沙丘之間的海市蜃樓閃閃發光，從沙漠岩的石間升起，圍繞它們的是流動的、在風中發出隆隆呼嘯聲的沙丘。

骷髏海岸充滿著危險，有交錯的水流、8 級的大風、令人驚悚的霧海，還有深海中參差不齊的暗礁，所以往來的船隻經常在這裡發生意外。傳說，即使有些船隻的倖存者爬上岸，也會被風沙慢慢折磨死，因此，骷髏海岸周圍到處都是沉船殘骸。

在海岸沙丘的遠處，7 億年來因為風的作用，岩石已被刻蝕得奇形怪狀，猶如妖怪幽靈從荒涼的地面顯現出來一樣。

南風從遠處吹上岸來，這種風被納米比亞布須曼族獵人稱為「蘇烏帕瓦」，當它吹來時，沙丘的表面塌陷，沙粒間劇烈摩擦，咆哮之聲令人害怕。那些遭遇海難後、在太陽下曝晒的船員們，還有那些在沙暴中迷路的冒險家們，這海風就像是靈魂輓歌。

在海岸南部，河流源自連綿的內陸山脈，但是，往往還沒能進入大海，就已乾涸。乾透的河床與沙漠獨有的荒涼相伴，直到被沙丘吞噬。有些河如霍阿尼布干河（流過富含黏土的峭壁狹谷），降下傾盆大雨，變成滔滔急流，才有機會流進大海。

## 「骷髏海岸」的失事事件

骷髏海岸上布滿了失事的船隻殘骸和人的骨骸。1933 年，一架瑞士飛機從開普敦飛往倫敦途中失事，墜落在這附近。一位記者認為，飛行員諾爾的骸骨總有一天會在該海岸被找到。該海岸因此得名，但諾爾的骸骨至今尚未找到。

1942 年，鄧尼丁星號（英國貨船）載有 85 名船員和 21 位乘客行駛到附近，在庫內河南 40 公里處發生觸礁沉沒。經求援後，有 3 個嬰兒和 42 名男船員被救上岸，該次救援是十分困難，用了大約 4 週的時間才找到生還的船員、乘客還有一些遇難者的屍體，並將他們安全地送回。從納米比亞的溫吐克出發，共派出 2 支陸路探險隊，還動用了 3 架本圖拉轟炸機、好幾艘輪船，其中一艘救援船也觸礁，有 3 名船員遇難。

1943 年，人們在該海岸沙灘上發現了 12 具橫臥在一起的無頭骸骨，還有 1 具兒童的骸骨也在附近。發現骸骨的不遠處，一塊久經風雨的石板上寫著一段話：「我正向北走，前往 96 公里處的一條河邊。如有人看到這段話，照我說的方向走，神會幫助你。」這段話應該是 1860 年刻上去的，可至今仍沒有人知道這些遇難者是誰，更無從得知他們是怎樣暴屍海岸的，又為何都掉了腦袋。

## 海岸裡的生靈

儘管骷髏海岸很恐怖，但因為這裡的河床下有地下水，所以滋養了無數動植物，種類繁多，令人驚異。科學家稱這些乾涸的河床為「狹長的綠洲」。這裡溼潤的草地和灌木叢也吸引了納米比亞的哺乳類動物來此尋找食物，大象也把牙齒深深地插入沙中尋找水源，大羚羊則用蹄踩踏滿是塵土的地面，想發現水的蹤跡。

在海邊，巨大的海浪猛烈地拍打著傾斜的沙灘，把數以萬計的小石子沖上岸邊，砂岩、石英、瑪瑙、花崗岩、玄武岩、光玉髓都被翻上了灘頭，替這裡帶來了些許亮光。迷霧透入沙丘，也替骷髏海岸的小生物帶來生機，牠們會從沙中鑽出來吸吮露水，充分享受這唯一能獲得水分的機會與樂趣。會挖溝的甲蟲會找個能收集霧氣的角度，然後挖條溝，讓溝邊稍稍隆起，露水凝聚後流進溝時，牠們就可以吸飲了；霧氣也滋養著較大的動物，比如盤繞的蝮蛇會用嘴啜吸鱗片上的溼氣。在冰涼的水域裡，海裡有許多沙丁魚和鯔魚，這些魚引來了一群群海鳥和數以千萬計的海豹。在這片荒涼的骷髏海岸外的島嶼和海灣上，還繁衍著躲避太陽的蟋蟀、甲蟲和壁虎等生物。

這片海岸的主人是南非海狗，牠們一般都生活在海上，只有春季會回到這裡生兒育女。到了陸地上，海狗的動作就不再像在海裡那樣敏捷、優美了，牠們把鰭狀肢當作腿來使用，那笨拙而可愛的模樣讓人忍俊不禁。當小海狗出生後，海狗媽媽會到海上覓食，而令人驚奇的是，母子兩個竟然能在上萬隻海狗的叫聲中找到對方，母子情深可見一斑。

**延伸閱讀 —— 神祕的納米比亞「骷髏海岸公園」**

骷髏海岸公園一面臨海、三面為沙漠環抱。德國人在 19 世紀曾經大舉入侵國納米比亞，但是從來沒有占領過骷髏海岸。據說有支德國部隊到了骷髏海岸，但因迷失了方向，全軍覆沒。

還有一些企圖從此登陸的外國船隊，也因為浪高、灘險，大多觸礁沉沒，葬身在這裡。所以人們稱這裡為「骷髏海岸」。四下望去，骷髏海岸滿目蕭條、荒涼，但這裡卻是探險、垂釣者的天堂。

## 奧卡凡哥三角洲

在波札那的北部奧卡凡哥三角洲是草木繁茂的熱帶沼澤地，它被喀拉哈里沙漠草原環繞著。作為世界最大內陸三角洲之一，它還是非洲風景最美的、面積最大的綠洲。人們稱奧卡凡哥河是「永遠找不到海洋的河」，它在喀拉哈里沙漠北部唯一的一塊綠洲上，安哥拉高地來的雨水匯成洶湧洪流被它攜帶傾入三角洲。

在2萬多平方公里的土地上，四處流散的河水形成無數水道、潟湖。還有許多野生動物生活在這裡，隨著水的漲落，生命正在演繹著。

### 奧卡凡哥河獨特的水道體系

奧卡凡哥河是瑪加迪湖（古代大湖）的遺跡。據說很久以前，奧卡凡哥河是流進內陸湖瑪加迪湖的，途經奧卡凡哥河、科比河、寬渡河與尚比西河前段是一條穿過喀拉哈里沙漠中部地區，於林波波河匯流後流入印度洋的大河，後來，造山運動和斷層作用阻斷河流的進程，河流不斷後退形成奧卡凡哥三角洲。一個獨特的水系產生並供養著巨大的生態系統。

該三角洲的水主要是來自安哥拉南部高地，奧卡凡哥河從那裡發源，並向南流去，穿過納米比亞的卡普里維納進入波札那西北。波札那西北坡度極小，河水就呈扇形散開。三角洲水流的終點是波特爾河（位於喀拉哈里沙漠中），當洪水到這裡，大部分的水已經蒸發了。後來地殼運動，喀拉哈里到辛巴威的軸線上出現了一巨大裂口，大河被攔住、回退，形成了沼澤群。奧卡凡哥河流出溼潤的高地，進入乾燥平坦的喀拉哈里沙漠時，河道就阻塞了，水流另擇他路，在經過的地方留下沉積物。慢慢的，200萬噸重的泥沙、碎片沉澱在喀拉哈里沙漠上，獨具特色的扇形三角洲便形成了。而且，奧卡凡哥水流也將三角洲雕琢成奇特地形。

## 三角洲豐富的野生動植物

由於奧卡凡哥三角洲靠近喀拉哈里沙漠的邊緣地帶，因此這裡生長著紙莎草和鳳凰棕櫚，而豐富的水域也為魚鷹、翠鳥、河馬、鱷魚和虎魚等動物提供了一個理想的生態環境。

紙莎草是一種草本植物，它可以對水位變化做出快速反應，在這一點上它比木本的鳳凰棕櫚更具優勢。三角洲向東、西、南三面各延伸 100 多公里，沼澤、小島點綴成這片地區，草木叢生，洋槐、棕櫚、無花果樹都在這裡生長。

三角洲野生動物的種類也非常多，沼澤內有河馬、沼澤羚羊和驢羚（另一種水生羚羊），小島上生長著其他品種的羚羊、大象、斑馬、狒狒、長頸鹿，還有像獅子、土狼、獵豹、美洲豹、非洲野狗等食肉動物。據估計，奧卡凡哥水域的魚類約有 80 種，總數可達 350 萬。

約占奧卡凡哥三角洲面積 20% 的莫雷米動物保護區在奧卡凡哥三角洲的中心地帶。裡面有各式各樣的野生動物：大象、野牛、獅子、獵豹、野狗、鬣狗、胡狼、長頸鹿、美洲豹、各種羚羊等，還有各種水鳥。

洪水來臨時，動物們紛紛逃出，但也有一些動物卻來到這裡繁殖、覓食，例如鳥類、河馬、水龜、鱷魚、虎魚、蟾蜍等。洪水既帶來了生命之源，也為生物們帶來了巨大的挑戰。在這裡，獵豹是真正的「飛毛腿」，牠是世上跑速最快的動物。洪水來臨時，是獵豹追逐獵物的最好時機，小葦羚、紅水羚，都成了牠的盤中飧。

非洲犬的速度僅次於獵豹，是群居動物，雌犬在洞中生產，雄犬則在洞外進行守衛。但當幼犬生下後就只由一隻雌犬來進行哺乳，雄犬到外面更努力地獵取食物。牠號稱「雜色狼」，游泳技術高超，是頂尖的「捕獵者」。而且更有趣的是牠吃下的食物，並不是馬上進到胃裡，而是要反芻給雌犬與幼犬分享。

洪水退卻後，綠洲馬上就會變成泥潭。可憐的河馬在泥潭裡掙扎；而鱷魚為求得一些小溪流來生存，會在泥潭裡竄出一條條深溝；穿山甲、鼠類拿出鑽地本領，躲到地下生活去了；水牛成群結隊，遠涉到別處去尋找新水源……。

當雷電季節到來，電火會使樹木燃燒，野火為生物帶來災難，許多小動物會葬身於火海，野犬則能紛紛逃到島中。但是火也有好處，燃燒後的草木灰是非常好的有機肥，為新植物的生長提供了養分。

野火過後，洪水季節又來了，又可以滋養許多新的生命。非洲三角洲又將演繹新的生命故事。

**延伸閱讀 —— 奧卡凡哥河**

奧卡凡哥河是非洲南部的一條內陸河，也是該處的第四長河。它發源自安哥拉比耶高原，流向東南，經過納米比亞，流進波札那，最後在奧卡凡哥三角洲消失。該河全長達 1,600 公里，流域面積達 80 萬平方公里。波札那境內的最大流量是 3 ～ 4 月的每小時 453 立方公尺，最小流量也達到每小時 170 立方公尺。

奎托河、庫希河等是它主要的支流。在南部的支流最終進入恩加米湖；北部的支流則匯進寬多河，也就是尚比西河支流。若是罕見的大水年，一部分河水會漫出天然的河槽，從奧卡凡哥三角洲，沿東北方向，流進喬貝河，最後進入辛巴威。但是，漫出的水量是很少的，可以忽略不計，流進三角洲的水幾乎全被消耗在蒸發和滲漏上。

## 大沼澤地國家公園

美國佛羅里達州南部的大沼澤地國家公園，是眾多國家公園之一。它有美國境內最大面積的副熱帶沼澤溼地，每年會有上百萬遊客來這裡參觀遊覽。同時，繼死亡谷國家公園和黃石國家公園之後，它是美國的第三大國家公園。目前，它已被列入世界遺產、國際生物圈保護區、國際重要溼地組織。

大沼澤地是由石灰岩構成的，是一個從東北向西南傾斜的盆地，裡面覆蓋有很厚的水草。印第安人稱它為「帕里奧基」，就是「綠草如茵的水域」的意思。廣袤遼闊的溼地可說是野生動植物生息合繁衍的天堂了。大沼澤長達 160 公里，寬達 80 公里，中部是一條淺水河，河上有數不清的低窪小島，星羅棋布。該河發源於奧基喬比湖，雖然湖水很淺，但面積卻達 1,965 平方公里。每年 6 ～ 10 月是雨季高峰，一天的降雨量就可達 300 毫米，於是湖水溢出，注入河中，河的水位上漲。

### 大沼澤地國家公園的動植物

由於有淡水河流過廣袤平原，獨特的大沼澤地環境就形成了。廣袤的沼澤地、大片的松樹林河紅樹林為野生動物提供了安居地。因此這裡是美國最大的副熱帶野生動物保護區，園內棲息著300多種鳥類，像蒼鷺、白鷺這樣的美麗鳥類得到了很好的保護；海牛、美洲鱷、佛羅里達黑豹在這裡也生活得很好。不管是陸生還是水生的動植物，群居在這裡，適應了這裡夏溼潤、冬乾燥的氣候。

在薹草叢生處，還可以隨處看到青蛙：在另一邊，裂開似的莢果裡是成群的蚱蜢。每當夏天，熱帶斑紋蝴蝶就經常在硬木群裡飛舞嬉戲。

大沼澤地中含有大量水生物，因此也是世上的一個鳥類聖地。現今有350多種鳥雀在這裡棲息、例如白鷺、白鶴、篦鷺、蒼鷺、蛇鳥等。

在沼澤的西部，河水流經沼澤（與墨西哥灣接壤）。柏樹光禿禿的，聳立在水中，樹四周的一簇簇從樹根長出的「膝」根，是樹根吸氧分的柏通道。樹周圍還包裹著一層紅通通的苔蘚，陰森的樹林因而增添了奇異色彩。

當河流向東南方向緩緩流過時，入海與之匯合，鹹水與淡水就在此融為一體。美洲紅樹就在這些鹹水中繁茂地生長著，因為它們的根可以伸出軟泥，攝取空氣，而且它們樹根交錯盤生，形成水位障壁，攔住了大量泥沙殘骸等漂浮物，新的小島就這樣形成了。

魚泥龜海豚和幼鯊就在這一帶酷熱的水域內尋找紅樹樹根棲息。其中橄欖綠色的美洲鱷，鼻子比短吻鱷更長更窄。而潛伏的鱷魚身長可達5公尺，在乾旱的季節，牠們用頭和尾巴猛烈拍擊泥沼，替自己挖出水坑的同時，也為其他乾渴的動物提供了活命的水。海牛長約3公尺，重約500公斤，體型優美，在佛羅里達半島附近海中游動。海岸附近，繁忙的水上交通使得許多海牛死去，還有很多被機動船的螺旋槳弄得全身傷痕累累。目前，佛羅里達州的海牛僅剩下約1,000頭。

## 大沼澤地的瀕臨物種

近些年，大沼澤地國家公園中的生物正逐漸衰亡。目前，公園內鳥類數量減少 93%、14 種鳥類瀕臨滅絕（該地區共有 63 種鳥類），外來物種入侵、魚類及捕食者的汞中毒等問題都嚴重威脅著這個公園。溼地生態環境的改變使得佛羅里達灣由原來物產豐富的河口，變為了現在的「海藻湯」（海藻劇增說明生態環境惡化）。據觀察，在 1945 年，海藻的數量少於 50 萬，現在劇增到的 600 萬之多，而且這種趨勢尚未停止、愈演愈烈。南佛羅里達的人口數據推算未來 20 年間將翻一倍，這可能會讓國家公園的生物滅絕。

## 瀕危世界遺產名錄

大沼澤地國家公園在 1993 年 12 月，被列入了瀕危世界遺產的名錄，這提醒人們應對溼地環境的威脅更密切關注，使這脆弱的生態系統得以進一步保存。溼地的保護不僅是對環境或是世界遺產的保護，同時，也是對當地淡水資源的保護，也是健康海洋和河口環境的關鍵。

2007 年 6 月 26 日，第三 1 屆世界遺產大會對世界遺產的保護問題進行了討論，特別對例如「瀕危」世界遺產名單進行了審議和宣布：因為保護工作成效不錯，將美國大沼澤地國家公園從「瀕危」世界遺產的名單剔除。

### 延伸閱讀 —— 沙丘鶴

沙丘鶴，又叫加拿大鶴或棕鶴，它的骨骼化石曾在距今已經 900 多萬年前上新世的堆積層中被發現，可說是鳥類骨骼化石中最古老的。

沙丘鶴非常美麗，體羽灰色中稍帶棕褐色，前額頭頂有塊紅斑，體長 99 公分左右。它性情活潑，善跳躍，在繁殖季節經常跳舞，最高可跳 3 公尺高。它主要分布在北美洲和亞洲西伯利亞的東北部。約 100 平方公里的格列湖沼澤（在美國佛羅里達州）是牠們的典型集中巢地，這裡也是世界鶴類巢區分布密度最大的地方，約有 250 對沙丘鶴在這裡築巢。

# 壯美的拉普蘭

斯堪地的那維亞半島北部北極圈內的拉普蘭地區，包括了芬蘭、瑞典及挪威等地的北極圈以北區域。拉普蘭大部分地區都屬於極地氣候，全年都很寒冷，平均氣溫在 0°C以下。其顯著特點是冬季寒冷而漫長，夏季則非常短暫。這裡的特殊地理位置和氣候條件，使拉普蘭顯示出天然、粗獷、壯美的風景。拉普蘭有巍峨的山巒和湍急的河流，有數不清的湖泊和一望無垠的森林，當然，這裡最美的還是那奇異的極光。

## 瑞典的拉普蘭

拉普蘭地區於 1996 年列入《世界自然遺產名錄》，主要的保護區位於瑞典北部環極區的諾爾布達境內。從諾爾布達中心開始，保護區沿著山區向西延伸到挪威邊境。該保護區的海拔大約在 600 ～ 2,016 公尺之間，占地面積大約是 9,400 平方公里。

瑞典的拉普蘭地區有兩類自然地形：一類是以太古代岩石為基地的低地，分布在東部；另外一類則是占整個保護區面積大約 2/3 的高山景觀，分布在西部。低地的形成時代更晚一些。

大約在 9,000 年前，這裡經過一次冰河消融，現在動植物群的面貌就是那時候留下來的生物集群現象的證明。該地區有 200 多座達 1,800 多公尺高的高峰以及多個冰河。帕亞倫塔高原周圍被瓦斯騰湖和維納恩湖兩個大湖包圍著，這裡的維納恩湖被稱為「瑞典最美麗的湖泊」。夏汶哈和穆得斯的低地地區是一個被針葉林和湖泊所覆蓋的廣袤的平原，上面矗立著許多個圓形小山峰。

該地區水系十分發達，冰河作用形成了這裡的地理景觀。100 多公尺深的深切谷和庫爾蘇河的河谷是由冰河融水切割形成的、大量的刮痕是冰河漂礫造成的，還有苔原、U 型谷、冰臼、冰河堆積物、冰丘和穹形泥炭丘等也都跟冰河作用有關。在西部寒冷的海洋性氣候地區，降雨量非常高，大部分地區直接受到西風影響。相對而說，東部地區降雨量較少，基本上屬於大陸性氣候。

這裡的動物種類繁多，其中包括許多瀕危動物，如水獺、狼獾、白尾鷹等，還有其他的重要物種猞猁、棕熊、駝鹿、天鵝、矛隼、金鷹、獵鷹等。

## 伊納里湖

芬蘭的拉普蘭地區並非冰天雪地，在那裡有星羅棋布的湖泊、江河和溪流，並且由森林和沼澤連接起來，形成一個複雜的水系統。在這個系統中，最讓人難以忘懷、最顯眼的就是伊納里湖。這個湖的沿岸有眾多小灣，湖中還有大約 3,000 多個充滿生機的島嶼，有些很大，有些也只比岩石稍微大一些而已。

很多像小瀑布一樣的溪流沿著湖向南面和西面的山坡傾瀉而下，匯入江河，這給伊納里湖帶來了新鮮冷冽的湖水。伊納里湖的東面和北面保存許多原始松林、樺林和沼澤，這裡有麋鹿、大山貓和狼獾生活。大約在 1 萬多年前受到冰河的鑿刻後，伊納里湖的長度和面積不斷變化，現在長約

80 公里，面積達 1,300 平方公里。由於湖的四周十分陡峭，使湖看起來好像深陷下去般。

伊納里湖的北極氣候受北大西洋暖流的影響，所以這裡的夏天和 1,000 公里以南地區的夏天十分相似。這一地區的橙色雲莓產量極為豐富，為拉普蘭地區的居民提供了果醬和拉卡甜露酒。湖裡有豐富鱂魚、鱒魚、鱸魚、北極茴魚等，漁產十分了得。這也就為北極燕鷗等候鳥與野鴨及潛鳥目的鳥類和涉禽類的鳥提供豐富的食物。

## 拉普人

芬蘭語中「拉普蘭」是「拉普人的土地」的意思。拉普人跟亞洲人種頗為相似，他們身材相對比較矮小，皮膚呈現棕黃，顴骨偏高，有十分濃密的黑髮。據說，拉普蘭地區的人類足跡可以追溯到 1 萬多年前，許多人認為拉普人的祖先應該是由亞洲遷移過來的。現在瑞典拉普族約 1 萬 5 千多人，其中大約有 20% 的拉普人還保留著拉普族原來的生活習慣。

拉普人的生活獨具一格，他們有自己的議會和自己的語言。他們的服飾也十分特殊，民族服裝大多是紅、綠相間的，頭戴大帽子，世世代代以放養鹿群為生。馴鹿是拉普蘭地區最具有代表性的動物之一。

### 延伸閱讀 —— 旅鼠

拉普蘭地區有許多令人驚奇的動物，如旅鼠、棉鳧、三趾鷗等。旅鼠有一種特殊的習性，他們經常會進行大規模「遷徙運動」。在遷徙時，大批旅鼠都會朝著同一個方向行進，就連山丘、河流、沼澤都無法擋住牠們的去路與方向。也正因如此，只有極少數的旅鼠能夠到達目的地，而牠們大多數都會在途中死

去，留下無數的屍體。這些屍體不是化為白骨，就是成為貓頭鷹和北極狐等食肉動物的美味。

旅鼠遷徙是一個很大謎題，至今科學家們還沒有找到一個可以完整解釋這一現象的答案。

## 卡卡杜國家公園

在澳洲北部地方的首府達爾文市東部200公里處是著名的卡卡杜國家公園，這裡曾是一個原住民族自治區，於1979年被劃為國家公園。該國家公園占地面積大約2萬多平方公里，這裡有生機勃勃的原始森林、各種奇異的野生動物，還保留約2萬多年前山崖洞穴間的原始壁畫。它為現代人保存了一份豐厚的文化遺產，是具有優質旅遊資源的遊覽區。當然，這裡還有「原住民族的故鄉、動物的天堂」之說。

### 國家公園分區

卡卡杜國家公園依地形可分為5個區域：

一是海潮區，這裡的植被主要有叢林、海蓬子科植物，也包括海岸沙灘上的半落葉潮溼熱帶林。瀕臨絕跡的潮淹區鱷魚也經常在這裡出沒。

二是平原區，多為低窪地。在雨季，這裡洪水氾濫形成沼澤地帶，但這正是棲鳥類喜歡的環境。

三是低地區，多為高低起伏平原，有小山和石峰相間其中。這裡的植物形態多樣，其中的稀疏樹林多為藍桉，還有草原、牧場和灌木叢。在與平原區交界處有大片的沿海熱帶森林，各式各樣的動物生活其中。

四是陡坡和沉積岩孤峰區，在雨季這裡會形成令人嘆為觀止的瀑布，也是很多動物的棲息地。

五是高原區，主要由古老的沉積岩組成，海拔在 250 ～ 300 公尺之間，也有一些高度達 520 公尺的小岩山。這一帶有時也可看到茂密的森林，其中植物大多為野生巴旦杏。本區內的動物很多是稀有的品種，還有當地特有的各種鳥類。

## 國家公園的動植物

卡卡杜國家公園內有優美的自然風景，還有比較完整的原始生態環境，這就為植物類型的多樣性提供了很好的環境，據統計這裡的植物類型有 1,600 多種。這也使得該地區成為澳洲北部季風氣候區植物多樣性最高的地區。

阿納姆西部砂岩地帶植物的多樣性最為顯著，包含大量的地方性屬種。國家公園內的許多植物具有重要的保護價值，這樣的植物大約有 58 種。根據植物的特性，這裡的植被基本上可劃分為 13 個門類。這裡有澳洲特有的大葉櫻、檸檬桉、南洋杉等樹木，還有大片的棕櫚林、松樹林、橘紅的蝴蝶花樹等。

卡卡杜國家公園擁有品種多樣的動物，是澳洲北部地方最富生氣的地區。在澳洲已知的全部陸生哺乳類動物中，僅該公園中的現有哺乳類動物就占了 1/4 以上。

在這裡棲息的鳥類品種大約在 300 種左右，最具代表性的是各種水鳥和蒼鷹，這些鳥類大約占了澳洲全部鳥類的 2/5。每當傍晚，倦鳥歸巢，在叢林中、水塘邊的一些澳洲特有的野狗、針鼴、野牛、鱷魚等動物便從巢穴出來尋找食物，於是在這裡又出現了一幅幅弱肉強食的生態場面。

這裡是自然留給人類的寶貴遺產，保護這裡的動物群無論對於澳洲，還是對於世界都具有極為重要的意義與影響。

## 原始壁畫

卡卡杜國家公園裡最具特色的景觀莫過於這裡的懸崖，這主要是因為在這裡的懸崖上有許多的岩洞，而裡面有世界上頗富盛名的岩石壁畫，至今已經發現大約 7,000 處。

這種岩洞在在阿納姆高原地區分布最多。考察發現，這些岩畫基本上是當地原住民族的祖先用蘸著獵物的鮮血或者混有不同顏色的礦物質材料塗抹而成的。由於海面的上升，壁畫裡的動物種類也就隨著繪畫年代而改變。這裡現存最早的壁畫大約創作於最後一次冰河時期，那時海平面應該較低。壁畫上還有袋鼠、鴯鶓以及一些現代已經絕跡的巨大動物，由此可看出此地當時曾存在過許多物種。

大約在 6,000 多年前，冰河時期結束，這裡的海平面逐漸上升，於是阿納姆地懸崖下的平原也就變成水域。在這一時期，壁畫中的形象主要是梭魚和巴拉蒙達魚等魚類動物。不僅如此，這一時期的壁畫對動物的認識有了較深刻的描繪，許多畫甚至把脊椎動物的內部構造都畫了出來。這裡的壁畫在記錄各種形象的同時，也透過此反映了當地原住民族在各個時期的生活內容、生產方式等。壁畫中還涉及某些野獸、飛禽的形象，有相當一部分的內容與最原始圖騰崇拜或者宗教禮儀有密切的關係。

這裡的壁畫不僅包括具體的形象，還有一些不為現代人所理解的抽象圖形。例如有些人體壁畫十分特別，三角形的頭，長方形的耳朵，細長的身軀及四肢。除此之外，還可以經常見到多頭或多臂的人體圖像。壁畫中的人物似乎在跳一種舞蹈，從這些類似舞蹈的姿勢中，可看出這很可能是個熱情開放、能歌善舞且又極富幻想的族群。壁畫較完整地反映了原住民族文化在各個歷史時期的發展歷程，為澳洲的考古學、藝術史學以及人類史學提供了珍貴的研究資料。

卡卡杜國家公園內抽象誇張的壁畫是澳洲原住民族對世界認識的獨特反映。岩畫以及這裡的其他考古遺址，展現了這個地區自史前的狩獵者和原始部落到仍居住在這裡的原住民族居民的技能和生活方式。藝術遺址使這裡遠近聞名。在遺址的發掘中，人們找到了澳洲最早人類的生活證據，這為澳洲學者、研究人員等提供了極其珍貴的資料。

## 卡卡杜族

卡卡杜這個地方是澳洲卡卡杜民族的故鄉，於是這個這裡的國家公園就以這個部族來命名。據記載，這個部族的祖先最早是從東南亞遷徙來的。大約在 4 萬年前，他們的祖先先是逐島渡海，大約在冰河時期，海平面較低，他們就沿著新幾內亞的陸地到達這裡，並在此開始生活。

卡卡杜人有一個古老傳說，他們有一位女祖先，名叫瓦拉莫侖甘地。這裡的卡卡杜荒原就是她創造的，她從海中出來化為陸地，並賦予人生命。隨她而來的還有其他創造神，這裡面有很多神靈在完成創造使命之後化為此地風景。因此原住民族卡卡杜族與這片土地有密切關係，所以該公園內的大部分地區原本屬他們所有，後來他們把自己的土地租給國家公園及野生動物管理的相關部門。

### 延伸閱讀 —— 尤加利樹

澳洲森林面積有 41 平方公里，是植物的王國，森林覆蓋率達到全國總面積的 14%，其中樹林的面積巨大，約占總數的 2/3。在澳洲，尤加利樹是到處都可以見到的，大約包括 500 多個種類，有澳洲的「國樹」之稱。

尤加利樹是常綠屬性的植物。澳洲是這種樹的原產地和集中地，它們廣泛分布於澳洲大陸的森林、山區、草原和荒漠等各種群落中。尤加利樹成長快、耐乾旱，它能充分利用水分。這主要取決於尤加利樹的樹葉形態，這些葉子基本呈針葉狀，葉片十分稀疏，排列方向垂直向下，葉面又光滑，於是可大大地減少水分的蒸發。

尤加利樹直立參天，很多樹都長到 40 ～ 50 公尺的時候才能長出新芽來分枝。在澳洲東南部維多利亞州有一棵巨大的杏仁桉，樹幹周長約 15 公尺，高度達 150 多公尺，可說是世界上最高、最粗的尤加利樹了。

## 昆士蘭溼熱地區

在澳洲東部的昆士蘭州，有一片著名的溼熱地帶，這就是昆士蘭溼熱地區。該地區於 1988 年被列入《世界自然遺產名錄》。

這一地區位於澳洲的最東北端，主要是潮溼的森林。由於溼度和熱量的影響，使這一地區成為不同種類植物、袋鼠以及鳥類生存的理想區域，同時也是那些稀有的瀕危動植物避難所。陡峭的山路、鬱鬱蔥蔥的熱帶雨林、水流湍急的河流、深陷的峽谷、美麗的沙灘、珊瑚礁，還有一座座活火山和火山湖，共同組成了昆士蘭溼熱地區的奇異景觀。

### 奇異的熱帶雨林

昆士蘭的熱帶雨林面積達 8,979 平方公里。它位於澳洲昆士蘭州大分水嶺東側，這裡是一片綠色的海洋，也被植物研究界稱為澳洲植物區。這裡是澳洲保存的最廣闊的溼熱帶雨林保護區。昆士蘭熱帶雨林的形成與其特殊的氣候條件有密切關係。這一地區在來自熱帶太平洋的東南季風的影響下，雨水充足，最高降雨量可達 9,000 毫米。

這裡的森林十分具有特色，樹木最高可達 50 公尺。密林的樹冠遮住太陽的光線，就使得森林裡小樹的數量極為稀少。森林的形態也很有特色，在沿海區域比較茂盛。海拔和氣溫的不同造成昆士蘭從茂密的熱帶雨林逐漸過渡到寒冷的山地羊齒類植物，這裡大概有 13 種森林植物。

昆士蘭的溼熱地區完全符合《世界自然遺產名錄》的 4 個條件，這種情況以全世界來看都是屈指可數的。這一地區是一個有特出生態與生物進程的例子，包含了最重要的自然現象，它保留自然生物多樣性的生物棲息地，展現了地球上生物進化歷史過程的主要階段。澳洲已知的雨林中再也沒有像這裡這麼多樣化了。這些雨林有著眾多的層次和不同的植物種類，差不多有 30 種雨林群落在這裡出現，紅樹林的種類也有著許多變化。

這裡溼熱地帶屬於多個國家公園，例如巴龍喬治與烏龍努蘭國家公園。這裡是世界上為數不多的幾塊尚未被人類開發的地區之一。大約幾千年前，原住民族就開始在熱帶雨林生活，但現在僅存的估計只剩 500 人左右。他們仍具有特殊語言，並保持著早先的民族文化。

## 奇特的熱帶植物

熱帶雨林中的植物包括楝樹、香椿、蒲葵、南洋杉、紅膠木、哈克木、香櫻桃、蘇鐵、杜鵑、白藤、茉莉、菝葜、刺樹葉、羅漢松、榕樹、蚌殼蕨等。身在其中，會感覺深陷在一片綠色之中，被大自然的魅力所感動。這裡是一片原始的密林，在這裡生長的澳洲特有植物是在其他任何地區難以找到的。

世界上最大的蘭科植物香子蘭就生活著這裡，它是一種熱帶蘭科植物，其根莖最長可達 15 公尺。還有一種能夠刺傷皮膚的澳洲蕁麻樹，其葉片很大，但卻像羽毛一樣綿柔。如果不留心碰到它，葉片會立刻分泌一

種毒素傷害人的皮膚。這裡的一種寄生植物無花果樹，喜歡寄生在其他的大樹上，它的根系十分發達，就像垂下來的一根根繩索，它們緊緊地扼住宿主樹，直到宿主枯死。

## 雨林中的動物

昆士蘭熱帶雨林生活著大量動物，其中包括澳洲 30% 的袋鼠和樹袋熊、60% 的蝙蝠、60% 的蜘蛛等昆蟲、大約 20% 的兩棲類動物、30% 的爬蟲類動物。在這片面積只占澳洲大陸 1‰的地方，組成了一個龐大的動物群落。

不僅如此，這裡還有大約 1 億 2 千萬年歷史的植物和昆蟲。在昆士蘭的熱帶雨林中生活著美麗的凱恩斯鳳蝶和黑藍色的琉璃烏蝶，還有綠蟒和麝鼠、袋鼠，以及能發出類似貓叫聲的「貓鳥」，發出鞭子抽響的「鞭鳥」。這片雨林中的鳥類和昆蟲種類複雜，而且在其他地方又找不到，所以至今還有一些生活在此處的鳥類和昆蟲試連科學家也不知道牠們名字。

### 延伸閱讀 —— 無尾熊

說到澳洲，很多人會聯想到一種很奇特的動物，那就是無尾熊。無尾熊學名樹袋熊，是一種奇特的珍稀原始樹棲動物，屬於有袋哺乳類。

無尾熊性情溫順，體態十分憨厚，長相像小熊。牠們天生有一對可愛的大耳朵，鼻子扁平，沒有尾巴，身上是濃密的灰褐色短毛，一些局部如胸部、腹部、四肢內側和內耳的皮毛呈灰白色，身長大約 80 公分，體重最重可達 15 公斤左右。牠們四肢粗壯，尖爪銳利，善於攀樹。樹就是牠們的家，因為那是牠們睡覺的地方。

樹袋熊能夠從尤加利樹葉中得到了足夠的水分，所以牠們很少喝水，當地人習慣稱牠為「克瓦勒」，意思是「不喝水」。白天的時候，牠們將身子蜷作一團，在尤加利樹上棲息。到了夜間，牠們會沿著樹枝爬上爬下，很多時候是尋找尤加利葉來吃。牠們胃口很大，飲食種類卻很狹窄，而且只吃尤加利葉。在澳洲的尤加利樹大約有 300 多種，但是無尾熊只是吃其中的 12 種。這 12 種中最受無尾熊歡迎的是玫瑰尤加利樹、甘露尤加利樹和斑尤加利樹上的葉子。

成年無尾熊一天的食量大約是 1,000 克左右的尤加利樹葉。因為尤加利葉汁多，而且具有特殊的香味（含有尤加利樹腦和水茴香萜），所以無尾熊的身上也就擁有了一種馥郁清香的尤加利葉香味。

## 埃托沙鹹水湖

埃托沙鹹水湖地處納米比亞的北部，面積大約 4,800 平方公里，海拔平均在 1,030 公尺左右，可算是非洲最大的鹽沼。在當地，奧萬博人習慣稱它為「幻影之湖」或「乾涸之地」，它就位於埃托沙國家公園的中心。

鹽沼就是鹽灘或鹽殼窪地，通常都以沙丘為界限。經過週期性氾濫和蒸發，鹽沼底部會變得鬆軟，沒有膠結且不透水，而海水的濃縮等因素又導致石膏、方解石和文石的沉積。通常認為，大多數鹽沼一度是小的海灣，就像過去地質時期形成的蒸發岩盆地。

## 鹽沼述說

大約在數百萬年前，通過鹽沼的河流就都乾涸了。水源沒有了，蒸發還在繼續，再加上湖底的滲漏作用，於是原本有的湖消失了。埃托沙鹹水湖在旱季時會閃閃發綠、裂縫處處，有時還會掠過塵暴和旋風。在鹽漬土上還會看到動物爬行過的痕跡，這些動物數以千計，牠們在這片鹽沼的水窪和綠洲上不斷的尋找水源和食物。也正是這個地方提供野生動物源源不斷的水和棲息之地。

現在的埃托沙原本是一片白色鹽沼，而今天僅存一小部分。鹽沼中有零落的鹽泉形成的黏土鹽丘。這裡還有幾條平行的水源，它們向北流進安哥拉境內。在每年 12 月至隔年 3 月期間，這裡的鹽沼四周會出現很多的雨水塘。因為是季風氣候，東邊的積雨雲會把傾盆大雨送到奧波諾諾湖。這個湖在充滿雨水之後，會沿著附近的埃庫瑪河和奧希甘博河，把稀有的水源輸送到埃托沙鹹水湖乾燥的周邊地區。因為有水源的關係，這裡的湖泊吸引了數以萬計的紅鸛和其他鳥雀。這時植物也得到了一個生長的機會，特別是土壤裡沉睡的草籽會迅速長出地表，形成一片片綠茵。

## 鹽沼上的動物

生存在鹽沼上的動物在雨季的來臨時，會進行大規模的遷徙活動。大量的斑馬和牛羚從牠們冬天的棲息地離開，從鹽沼東北面的安多尼平原紛紛趕來鹽沼。

這裡的動物種類繁多，在遷徙的時候斑馬群的鳴叫聲、牛羚的哀號聲，還有 15 種大小迥異羚羊的哼鼻聲、喘息氣、嘶叫聲及哀鳴聲全混在一起。大象以單行縱隊蹣跚行進。大群跳羚、非洲南部棕羚和白羚，也都加入集體遷徙的行列。長頸鹿會利用其高度掃視廣闊的平原，牠們前後擺動試圖躲避食肉動物。跳羚十分敏捷，在當遇上危險時牠們會做一連串的跳躍動作，然後拔腿疾馳，逃得無影無蹤。牠們能一下子跳出 15 公尺，而且跑起來時速可達 90 公里。

在這個遷徙隊伍的後面尾隨一些食肉動物，包括獅子、鬣狗、獵豹及野狗，牠們都希望在這裡飽餐一頓。隊伍的最前面是成群的紅鸛，牠們要去鹽沼上礦物質豐富的水域。這個大規模活動中的參與者還包括五彩繽紛的各種鳥雀，如埃及雁、胸部緋紅色的伯勞、隼、鷹、鴿、千鳥和小雲雀等。

雨季漸漸結束的時候，鹽沼又變得乾涸僵滯。由於大批動物的經過和徘徊，這裡的表層上有無數腳印，它們分布很廣一直伸展到遠方。該地區的面積達 22,269 平方公里，是擁有世界上大型動物最多的地區之一。

### 延伸閱讀 —— 黑尾牛羚

黑尾牛羚具有牛角、牛頭、馬面、羊須、牛身、羚羊紋、牛般的叫聲，牠就好像左抄右襲其他動物後拼合出來的。黑尾牛羚是群居動物，大族群在遷徙時數量有時甚至超過 1 萬頭，但水源充足時便產生追逐和打鬥。牠們是埃托沙鹹水湖動物大遷徙的重要成員。在很多紀錄片上總能看到一些獅子和鱷魚獵殺牠們的場景，以致讓人們以為牠們生命中時常受到威脅。但其實牠們生命力頑強，且隨著食肉動物數量不斷減少，牠們的數量已經增加到現在的 100 多萬頭。牠們現在是東非草原上數量最多的大型野生動物。

牠們大多在日間活動，晚上休息。在群居生活中，牠們通常會淘汰那些體弱的、有病的同類。在生態系統中，牠們作用很多，其糞便可當來年草原的肥料，吃剩下的草根是其他羚羊如湯氏瞪羚最喜歡的食物，另外牠們自身則是獅子的食物來源。

黑尾牛羚在陸上最大的敵人不是獅子，而是鬣狗。其他有些動物也會襲擊牠們，例如非洲野狗、獵豹，還有牠們在水裡的最大敵人鱷魚。

## 呼倫貝爾草原

呼倫貝爾草原位於內蒙古自治區東北部的呼倫貝爾市，東起大興安嶺西麓，西至中蒙、中俄邊界；北起額爾古納市境內的根河南岸，南至中蒙邊界；東南一隅與興安盟接壤。

呼倫貝爾草原是中國溫帶天然優良草場、傳統牧區，它的名字來源於其境內有呼倫、貝爾二湖。這片草原總面積約 9 萬多平方公里，其中天然草原面積占了 8 成。呼倫貝爾不僅有廣大的草原、森林，還擁有古樸多姿的民族文化。這裡被人們稱為「綠色之淨土，北國之碧玉」。

### 天然牧場

呼倫貝爾大草原馳名中外，它位於內蒙古自治區的東北部，是一塊一望無際的天然牧場。在草原的東部和西部主要是隆起的丘陵和低山，中部則成為一個陷落的谷底。這裡的平均海拔在大約 650 ～ 700 公尺間，主要受到喜馬拉雅山脈運動的影響。

草原上季節差異很大，溫和短促，而冬季嚴寒而漫長。乾草原為天然草原的主體包括林緣草甸、草甸草原、河灘與鹽化草甸及沙地草場等多種類型。這裡有大約 600 多種的野生植物，其中大部分牧草是羊草、貝加爾針茅、大針茅等。草原上有豐富的動物資源，著名有三河牛、馬和錫尼河牛。

草原的東西部有顯著地差別，西部大面積草場退化，東部大面積草場未利用，地形和緩，水源較豐，改良利用條件好。這裡重要城鎮是海拉爾市、滿洲里市。

呼倫貝爾大草原牧草茂密，每平方公尺生長 20 多種上百株牧草，也存在著大量的動物。其中有藥材約 400 種，獸類約 35 種，禽類約 200 種，魚類約 60 種。草原白蘑、秀麗白蝦、三河牛、蒙古羊等，享譽國內外。

呼倫貝爾草原大小湖泊星羅棋布，河流縱橫。其中主要河流有海拉爾河、額爾古納河、伊敏河、輝河、錫尼河、莫爾格勒河、哈拉哈河、根河、烏爾遜河、克魯倫河等。這裡的夏季草長鶯飛、牛羊遍野。河流和湖泊是呼倫貝爾自然風光中的一大奇觀，特別是這裡的河流千姿百態，各具特色。在山林中水勢湍急，河流到了草原，就會變得溫順平緩。「天下第一曲水」的莫爾格勒河長約 150 公里，延伸在呼倫貝爾草原上，宛如一條玉帶。

## 草原上的姐妹湖

呼倫湖像一顆晶瑩碩大的明珠，鑲嵌在呼倫貝爾草原上。呼倫湖與東南方相距 250 公里的貝爾湖被稱為姊妹湖，是呼倫貝爾草原的象徵。

呼倫湖是內蒙古最大的湖泊，也是中國五大淡水湖之一。這裡水域寬廣，沼澤溼地連綿，草原遼闊，物源豐富，是鳥類和魚類的天堂。因此是中國東部內陸鳥類遷徙的重要通道。春秋兩季，南來北往的候鳥繁多。據統計，呼倫湖地區共有鳥類 17 目 41 科 241 種，占中國鳥類總數的 1/5，是世界上少有的鳥類資源寶庫，是一個碩大的鳥類博物館。

貝爾湖位於呼倫貝爾草原西南中蒙交界地帶，大部分屬蒙古。湖形橢圓，長約 33 公里，寬 20 公里，面積約 600 平方公里，平均水深 8 公尺左右。東南有源於中國大興安嶺特爾莫山的哈拉哈河注入，西北角有烏爾遜河與呼倫湖相通。

### 延伸閱讀 —— 蒙古包

蒙古包呈圓形，四周側壁分成數塊，每塊高 130 ～ 160 公分、長 230 公分左右，用條木編成網狀，幾塊連接，圍成圓形。長蓋傘骨狀圓頂，與側壁連接。帳頂及四壁覆蓋或圍以毛氈，用繩索固定。西南壁上留一木框，用以安裝門板。帳頂留一圓形天窗，以便採光、通風，排放炊煙，夜間或風雨雪天覆以氈。

蒙古包最小的直徑為 3 公尺左右，大的可容數百人。游牧民族為適應游牧生活而創造的這種居所，易於拆裝，便於游牧。自匈奴時期起就已出現，一直沿用至今。

蒙古包分固定式和活動式兩種。半農半牧區多建固定式，周圍砌土壁，上用葦草搭蓋；游牧區多為活動式。活動式又分為可拆卸和不可拆卸兩種，前者以牲畜馱運，後者以牛車或馬車拉運。

呼倫貝爾草原錫尼河畔的蒙古族（布里亞特）是個游牧民族，現在大部分已經定居生活了，但是還有一些零散的半定居的「泥包」。「泥包」建築外形很像蒙古氈包，它用柳條排編構築再用泥土覆蓋，裡面打上木地板，架起火爐來，室內十分溫暖。

# 西雙版納

西雙版納為傣族自治州，地處中國雲南省的南端，其東南部與老撾相鄰，西南部與緬甸接壤，自治州的首府是景洪市。美麗富饒的西雙版納具有非常獨特的副熱帶風光，這在中國其他地區很難見到。這裡還有豐富的動植物資源，向來有「植物王國」、「動物王國」、「藥材王國」三大王國的美稱。西雙版納擁有蔥鬱的原始森林、奇特的熱帶雨林風景、豐富的動植物資源、獨具特色的民族風情，以美麗富饒著稱於世。

## 西雙版納的地理環境

西雙版納處於橫斷山脈南端，熱帶北部邊緣，因為受兩大洋季風氣候作用，兼具大陸性和海洋性氣候，形成獨特的熱帶雨林氣候。這裡高溫多雨，乾溼季十分明顯，年均氣溫在 18 ～ 21℃，降雨量在 1,100 ～ 1,900 毫米，全年日照時數可達 1,700 ～ 2,300 小時。

這一地區整個地勢自北向南傾斜，兩邊高中間低，形成一種深度切割的地形。傣族自治州內的海拔在 477 ～ 2,429 公尺之間，有區別明顯的山區和壩區。全州土地面積約 2 萬多平方公里，其中山地面積占 95%，壩區面積占 4%，水域面積占 1%。

## 中國最大的熱帶雨林

占據地球上溼熱氣候區，具有多層次、多物種的森林被稱為熱帶雨林，在世界上主要分布在南美的亞馬遜河流域、西非的剛果盆地和東南亞等地區。特殊的生態環境和多層次的結構，使熱帶雨林成為陸地上物種最豐富的生態系統。人類生存與發展所需的很多物質如橡膠、可可、咖啡、香蕉等都來自熱帶雨林，它是人類的一座最重要的物種基因庫。中國最大的熱帶雨林就處於西雙版納海拔 500 公尺以下的河谷地帶，這裡包含著大

量的熱帶植物種類。

西雙版納的熱帶雨林終年鬱鬱蔥蔥，能有效調節環境。它們吸收空氣中含有的大量的二氧化碳，並釋放大量的氧氣。這裡形成多元的森林類型，主要是由於這裡夏季較長，而冬季的特徵不明顯，於是就有了充足的水熱條件，還有複雜多變的地形。在熱帶雨林裡，多元的植物叢聚一起，既顯示出萬物競爭的勃勃生機，又盤根錯節、相依相戀的世代相伴。它們繁而有序，占據著各自的空間，享用大自然的陽光雨露。巨型的板狀根、老莖生花果、舞動的巨藤，樹藤的絞殺、空中的花園等奇異的生態現象吸引著遊客的目光。

西雙版納的熱帶雨林中無奇不有，一些植物景觀讓人嘆為觀止。在這片密林中最上層是樹幹高大的望天樹、阿丁鳳等，有些望天樹高達 80 多公尺；中層一般是高大筆直的喬木，主要有紅光樹等；中、下層則為普通的喬木；下層多為低矮灌木；最底層主要是各類雜草和苔鮮。當然，除了植物景觀，西雙版納熱帶雨林還擁有多種珍貴而古怪的動物，包括孔雀、亞洲象、長臂猿等多種珍禽異獸。西雙版納真是「植物王國」、「動物王國」、「孔雀之鄉」、「大象樂園」。

## 獨樹成林

著名的一株成林獨樹，樹高達28公尺，樹齡在200年以上，屬熱帶、副熱帶的大葉榕。該樹主幹中部平生的眾多氣生根，順樹而下，相互交纏，盤於根部。左右兩側的主枝上，有 32 條大小不等的氣根垂直而下，扎入泥土，形成根部相連的叢生狀支柱根，塑造出一樹多幹的成林景致。西雙版納的熱帶雨林、熱帶季雨林裡，獨樹成林的景觀比比皆是。這種氣根形成的自然景觀十分引人注目。

### 延伸閱讀 —— 野象谷

在猛臘自然保護區南緣，昆洛公路 684 ～ 685 公里路段的西部是西雙版納野象谷，它距州府景洪市大約 35 公里。這裡是西雙版納最引人矚目的森林公園，更是觀賞野象活動的風景區。此地的河流基本分為三岔，所以這個地方又被稱為三岔河森林公園。這裡特有的熱帶原始森林景觀，還有數量較多的野生亞洲象，使得這個自然保護區聞名於世。

# 水的變奏

# 貝加爾湖

貝加爾湖是地球上最大、最深的淡水湖。據蒙古後裔布里亞特人的傳說，貝加爾湖被稱為「貝加爾達拉伊」，意思是「自然的海」。從面積來看，貝加爾湖在世界湖泊中只排名第 8，不像非洲的維多利亞湖和北美洲五大湖那樣大，但如果論湖水的深度和潔淨度，貝加爾湖則是首屈一指。

## 貝加爾湖的現狀

貝加爾湖湖型就像新月一樣狹長彎曲，因此又稱為「月亮湖」。

貝加爾湖長約 636 公里，平均寬度約 48 公里，最寬處達 79.4 公里，面積共 3.15 萬平方公里，平均深度為 744 公尺，最深處達 1,680 公尺，湖面海拔為 456 公尺。湖水澄澈、透明，是世界第二。蓄水量豐富，約是北美洲五大湖蓄水量的總和，占地表不凍淡水資源總量的 20%。如果它是世界上唯一的水源，它的水量供 50 億人用，也能用半個世紀。貝加爾湖容積之所以如此巨大，祕密在於它的深度，湖平均水深 744 公尺，最深處達 1,680 公尺，兩邊還有 1,000 至 2,000 公尺高的懸崖峭壁包圍。假如把中國泰山放入湖的最深處，山頂距水面也還有 100 公尺。

貝加爾湖周圍有 336 條河流注入（其中最大的是色楞格河），但從湖中流出的僅有安加拉河。湖水注入安加拉河之處有 1,000 多公尺寬，白浪滔天。

在眾多俄羅斯自然景觀中，貝加爾湖於 1996 年被聯合國教科文組織列入世界文化遺產中。

## 貝加爾湖的成因及歷史

關於貝加爾湖的成因，科學家認為是由於亞洲地殼沿著一條斷層慢慢拉開，出現的一條地溝。起初這條地溝深 8 公里，隨著歲月流逝，地溝逐漸被淤泥填塞，並形成現在的模樣，從淤泥中的微生物化石可以看出其形成年代。

貝加爾湖約形成於 2,500 萬年前，算得上世界最古老的湖泊之一了。目前不知道是什麼人最早生活在湖邊，只能從他們留下的壁畫和其他東西來了解那時候的生活方式。湖岸的薩甘扎巴懸崖壁上刻著不少鹿、天鵝、狩獵臺及跳舞的巫師等畫。湖岸上，沿路還建有許多石祭臺。這些就是這裡早期居民的生活見證了。

西元前 110 年，貝加爾湖第一次出現在文字記載中。中國漢代的一位官員在劄記中將貝加爾湖稱作「北海」，這或許是該湖俄語名稱的起源，關於貝加爾湖名稱起源的另一種解釋是，土耳其族人將貝加爾湖稱作「富裕之湖」，後來逐漸演變成俄語的「貝加爾湖」。西元前 6 世紀到前 5 世紀，突厥族庫雷坎人從東方遷移至貝加爾湖邊，在這裡遇到了土著居民埃文基人，埃文基人以捕魚、採集野果和養鹿為生。13 世紀，布里亞特人也來到貝加爾湖地區生活。無論是突厥人還是布里亞特人，都沒能改變埃文基人的生活方式。3 個世紀後，1643 年，俄羅斯探險家庫爾巴特·伊萬諾夫來到貝加爾湖地區時，布里亞特人已經是貝加爾湖地區的「主人」了。

庫爾巴特繪製了貝加爾湖及注入河流的平面圖，這也是歷史上對貝加爾湖的第一次直觀描述。不久後，神學家阿瓦庫姆在生活紀錄中也描述了貝加爾湖。1729 年，彼得大帝命令德國人達·梅塞施米特考察西伯利亞地區，對該湖也進行了第一次科學的考察。20 世紀初，學者繪製出該湖第一張全圖並測量了湖深。1977 年，蘇聯學者用深水考察儀對該湖進行考察，很多祕密在考察儀探照燈下「曝光」了，許多猜測也逐漸明朗，此考察在當時轟動一時，但迄今為止，還沒有儀器能探測湖底。

## 貝加爾湖的動植物資源

貝加爾湖湖盆是印度板塊與歐亞板塊碰撞所形成的。生物學家眼中的貝加爾湖不只風景美麗，而且還是天然的「生物進化實驗室」，他們在這裡發現的 3,000 多種動、植物中，大部分是特有品種，其中最著名的就是胎生貝湖魚（一種全身半透明的小魚），該類魚生活在水面下 50 ～ 1,500 公尺深處，除湖岸附近的各個水域都有分布，牠們是環斑海豹、秋白鮭等的主要食物。科學家認為，在寒冷環境下生活的胎生貝湖魚是經過了長期演化而來，但是對於牠們從卵生魚變為胎生魚的原因及時間仍沒有合理的解釋。

貝加爾湖還有很多稀有的蝶類，例如大多分布在高寒地區的白色絹蝶，牠們與鳳蝶不同，翅膀近乎圓形，無臀、橫脈，後翅無尾突。絹蝶翅面的鱗片較少，呈半透明狀，如絲綢般薄，絹蝶一名就是由此而來的。

另外有一種眼蝶，多為灰褐色，翅上有毛狀的鱗片，翅邊緣有一些大小不同的黑點，中央呈淡藍色，如同美麗的藍眼睛。眼蝶喜歡在日蔭下飛舞，因而又被稱作日蔭蝶。而灰蝶的體型較小，翅背上有金屬光澤的藍、綠、紫銅、青銅等色，腹面的顏色較暗。

還有一種孔雀蛺蝶，體背是黑褐色，有棕褐色短絨毛，觸角棒狀很明顯，端部呈灰黃色。翅是朱紅色，翅反面則是暗褐色，密布黑褐色波狀的橫紋，翅上還有像孔雀羽般的彩色眼點。蛺蝶與其他種類的蝴蝶有個很大的區別，那就是蛺蝶的前足退化，因而人們常常認為蛺蝶只有兩對足，實際上，牠的前足是隱藏在胸前，只有撥開胸部的絨毛才能看到。

環斑海豹也是這裡的代表性動物，牠們主要棲息地為烏什卡尼群島（位於湖北部）。儘管這裡的海豹數以萬計，但只有在沙灘上才能近距離看到，而在其他水域，除浮出水面換氣外，環斑海豹大部分時間都潛在水下。牠們生性膽小，又有敏銳的視覺和聽覺，船舶馬達的聲音容易把牠們嚇跑。

貝加爾湖的主要經濟魚種是秋白鮭。牠與環斑海豹一樣，也屬於特有的生物種類，生物學家認為，秋白鮭的祖先也來自其他水域。

湖裡還有蝦255種，包括顏色淡得近白色的種類，此外，湖底還有1～15公尺高、如同叢林似的海錦，以及200多種端足類動物和80多種扁蟲，數量繁多，有些種類也很奇特。還有人在湖裡捕到過巨扁蟲，體長達38公分。大量端足類動物使湖具有了「自體淨化」的功能，因為這些動物能分解水藻、動物屍體，是維持湖水清澈的主要原因。

世界上唯一的淡水海豹在這裡生活，冬季時，海豹會在冰中咬開洞進行呼吸。海豹一般生活在海水中，人們曾認為該湖可能有一條地下隧道和大西洋相連通，事實上，海豹可能是在最後一次冰期中，逆河而上，來到這裡的。

這裡的植物資源也非常豐富，沿岸有松、雲杉、白樺、白楊等組成的密林，山地草原植被是楊樹、杉樹、落葉樹、西伯利亞松、樺樹等，植物種類多達600多種，其中3/4是貝加爾湖所特有的。西岸是被針葉林所覆蓋、連綿不斷的群山，有大量的懸崖峭壁；東岸以平原為主。兩岸氣候的差異很大，自然景觀也迥然不同。

## 美不勝的貝加爾湖

貝加爾湖是個美麗的地方，但又令人難以確切說出哪裡最美。在東岸，奇維爾奎灣像王冠上珍貴的鑽石一樣絢麗奪目，從湖的一側向奇維爾奎灣望去，可看到許多覆蓋著稀少樹木的小島，像衛兵一樣保衛著湖灣的安全；湖的西岸，佩先納亞港灣如同馬掌一樣，釘在深灰色的岩群中，港灣兩側有大小不同的懸崖峭壁矗立著。在這裡，人們還可以看到被稱作貝加爾湖自然奇觀之一的高蹺樹，樹根從地面拱生，成年人也可以自由地從其下穿過。牠們生長在沙土山坡，大風能從根下颳走土壤，樹根為了生存，就要越來越深地往貧瘠的土壤中扎根，體現了樹的頑強與聰明。

湖岸群山環繞，溪澗相錯，山水相映，水樹相臨，風景奇麗。偉大的俄國文學家契訶夫稱這裡是「瑞士、頓河和芬蘭的神妙結合」。

貝加爾湖畔有充沛的陽光，溫泉 300 多處，是俄羅斯東部最大的療養之地。湖畔約有 40 座小城鎮，居民曾經可以引用清澈純淨的湖水，但是現在的湖水已經受到了工業的汙染。儘管這樣，湖水看上去還是很清澈。5 月冰雪融化，40 公尺深水下的物體也可以看清（其他湖泊很少能看透 20 公尺）。

這裡四季的景色變化非常大。夏季，尤其 8 月左右，山花爛漫，湖水會變暖，石頭在陽光下閃爍，太陽把山峰照得光彩奪目，彷彿比實際距離移近了好幾倍。

冬天，淒厲的風把湖面吹成了晶瑩透明的冰，湖顯得很薄，冰下的水就像從放大鏡裡看下去，微微波動。冰層可能有 1 公尺厚，有些甚至還厚。

春季臨近，冰面開始活動，冰破時發出的巨大爆裂聲，彷彿要吐盡整個冬天的鬱悶、壓抑。冰面上迸開一道道又寬又深的裂縫，步行或乘船都無法逾越，有時它會重新凍合在一起，裂縫處藍色的大冰塊疊積，成為一排排壯觀的冰峰。

貝加爾湖出口寬約 1 公里，湖水出口正中央的大圓石被稱作「謝曼斯基」，河水氾濫時，這塊圓石看上去就像在滾動。湖岸溪澗相間，群山環繞，湖水清澈無比（據說是因為湖底時常發生地震，產生的化學物質沉澱到湖底，使湖水得以淨化），難怪被譽為「西伯利亞明眸」。

**延伸閱讀 —— 貝加爾湖的「聖石」傳說**

貝加爾湖湖水向北流入安加拉河的出口處，有一塊巨大的圓石，被稱為「聖石」。水漲時，圓石宛若滾動之狀。

相傳，很久以前湖邊住著一位名叫貝加爾的勇士，他的獨女安加拉很漂亮，貝加爾對女兒雖然十分疼愛，但是管束卻極嚴。一天，海鷗告訴安加拉，有位葉尼塞青年很勤勞又很勇敢，安加拉對他的愛慕之心油然而生，但是貝加爾堅決不許，安加拉只好趁父親熟睡時，悄悄地出走。貝加爾醒後，沒有追上她，就投下巨石，以為能擋住她的去路，可是女兒已遠去，投進了葉尼塞的懷抱。從此，這塊巨石就屹立在湖的中央。

## 珊瑚海與大堡礁

在澳洲與新幾內亞的東面，新赫里多尼亞與新赫布里底島的西面，所羅門群島東面的珊瑚海，南北約長 2,250 公里，東西寬約 2,414 公里，面積 479 萬平方公里。在南面，連接著塔斯曼海，在北面，連接著所羅門海，在東面臨著太平洋，在西面，經過托列斯海峽，和阿拉弗拉海相通。因為有大量的珊瑚礁而得「珊瑚海」之名，其中的大堡礁最為著名。

地球表面有 70% 的地表被水覆蓋，因此也被稱為「水星球」。而 70% 的水大部分在大洋，大海只是其中的一小部分。在全球面積大小、水體深度等都各不相同的大海中，珊瑚海是面積最大、水體最深的海。因裡面生活著很多鯊魚，所以人們又稱珊瑚海為「鯊魚海」。

珊瑚海周圍幾乎沒有河流注入，這使得珊瑚海的水質很少汙染。這裡的海水很清澈，水下的光線很充足，利於各種珊瑚蟲的生存。同時海水鹽度在 27 ～ 38‰之間，可說是珊瑚蟲生活的理想之處。因此在海中的大陸棚、海邊的淺灘等地到處都有大量的珊瑚蟲。時間長了就逐漸發育成形態各異的珊瑚礁，珊瑚礁在退潮時，會露出海面形成熱帶海域獨有的絢麗奇觀。「珊瑚海」便因此而聞名世界。

## 認識珊瑚

珊瑚看起來像是植物，實際它是海洋裡的一種動物。一塊珊瑚往往是成千上萬億個珊瑚蟲的群體。活的珊瑚，在海水中會呈現五光十色，色彩鮮豔奪目，因而被稱為「海底之花」。我們平常見到的白色珊瑚，其實是珊瑚死後所留下的殘骸與骨骼。

珊瑚蟲很小，只有在顯微鏡下才能看清楚牠的樣子：沒有眼睛和鼻子，只有作為感覺器官的靈敏觸手。觸手隨流水慢慢漂動，自由伸縮，捕捉流經附近的蜉游生物和碎屑。當受到驚嚇後，觸手立馬縮回躲藏。在四周的觸手中央有一個小口，那是珊瑚蟲的嘴，又稱「口道」。口道裡面就是直腸子，沒有食道也沒有胃。消化後的剩餘殘渣再從口道吐出來，因此，珊瑚的肛門與嘴是不分家的，所以是較低等的生物。

珊瑚是分裂繁殖，能一分為二，二分為四，而且速度之快讓人吃驚，轉眼間就會「兒孫滿堂」。但是牠們在同一塊珊瑚體上，互相擠壓，分不清輩分。有些珊瑚蟲也進行有性生殖，精卵結合生成幼蟲，從口道排出的幼蟲隨水漂流，到合適的地方，就會附著在那裡，發育成為珊瑚蟲，再逐漸成為一個群體。群體珊瑚繁殖也很快，老的死去留下的骨骼會成為礁石；新珊瑚蟲就在前輩的骨路上生長攀登。這樣由前輩做鋪路石，後輩踏著前輩屍骨繼續築起新高峰。珊瑚礁石就是這樣築成的。大堡礁、環礁、島礁都是這樣形成的。

不過，並非所有的珊瑚都能造礁，只有體內含有石灰質的珊瑚，如石珊瑚、鹿角珊瑚、多枝薔薇珊瑚等，才有這種本領。促進造礁的還有蟲黃藻，一種單細胞藻，個頭很小，1,000 個蟲黃藻在一起也只有一粒米大。在陽光下，牠進行光合作用，吸收二氧化碳，放出氧氣，把氮磷鉀變成為機物，為珊瑚蟲的生長提供營養，使珊瑚能夠生機勃勃、絢麗動人。當環境變陰冷，蟲黃藻就會逃之夭夭，珊瑚就失去了營養，很快就變得暗淡無光，甚至枯萎而死。現在，珊瑚海還有很多珊瑚礁，這說明在造礁時代，這裡不僅有大量造礁珊瑚，還有旺盛的蟲黃藻。牠們的成功配合，才能使珊瑚海如此美麗多姿。

## 綿延不絕的大堡礁

珊瑚海最著名的是它東北部的大堡礁。它是世界上最大、最長的珊瑚礁區，還是世界七大自然景觀之一，被稱為「透明清澈的海中野生王國」。

大堡礁綿延 2,000 公里，縱貫蜿蜒在澳洲的東海岸，是最大的活珊瑚體。大堡礁的另一部分分布在島嶼周圍，這些島嶼其實是海洋中的山脈的頂峰。整個大堡礁由 3,000 多個形成於不同階段的沙洲、珊瑚礁、珊瑚島、潟湖組成，形成在歷史 1 萬年以內，即最近一次冰河時期以後。

據鑽探，礁體下的是白堊紀陸相的堆積，說明該地區原先是在海面以上。後陸地下沉，中間還有數次的回升。海底礁坡上的多級階地相當於更新世冰河期所引起的海面變動停止期。礁區海底地形很複雜，有許多谷地，穿過礁區與現代河口相連，這是古代陸上侵蝕的產物。礁區海水的溫度季節變化較小，海水較清澈，海洋生物很豐富：有彩色斑斕、形狀奇特的小魚；還有重達 90 公斤的巨蛤和以珊瑚蟲為食的海星。

營造如此龐大工程的是直徑僅有幾公分的腔腸動物珊瑚蟲。群體生活的珊瑚蟲以蜉游生物為食，能夠分泌石灰質骨骼。老一代珊瑚蟲死後，留下遺骸，新一代再發育繁衍，如同樹木抽枝發芽一樣向高處以及兩旁進行發展。就這樣日積月累、年復一年，珊瑚蟲分泌的石灰質骨骼和藻類、貝殼等海洋生物的殘骸膠結起來，堆積成了一個個珊瑚礁體。珊瑚礁的建造過程是十分緩慢的，在最好的條件下，礁體每年也只能增厚 3 ～ 4 公分。現有的礁岩厚度達數百公尺，說明「建築師」們在這裡已經歷了相當漫長的歲月。同時也證明在地質史上，澳洲東北海岸地區曾經歷沉陷，使得追求陽光與食物的珊瑚不斷地向上生長。

大堡礁內有 350 多種珊瑚，形狀、大小和顏色都有很大的不同，有些微小，有些可寬達 2 公尺。珊瑚形態各異：扇形、鞭形、鹿角形、半球形、樹木狀、花朵狀等的都有。珊瑚棲息水域的顏色從白到青再到藍靛色，可謂絢爛多彩；珊瑚本身有鮮黃、淡粉紅、深玫瑰紅、藍相綠色，鮮豔異常。

**延伸閱讀 —— 珊瑚叢中的生存競爭**

在大堡礁炫目的珊瑚叢中，也存在著爭奪食物、空間這一生態界永恆的生存競爭。珊瑚分軟珊瑚、硬珊瑚（造礁珊瑚）兩大類，形態不同。有些如同鹿角，有些如同鞭子，有些如同扇子；有些可以禁受浪濤的沖擊，有些只能生長在平靜水域；有些長得快，遮掩親鄰、占有更多陽光；有些會用含毒的觸鬚向水裡釋放致命的化學物質，清除同領域的競爭同類。

此外，還有吃珊瑚的動物，如刺冠海星。牠能把腹腔吐出來貼在珊瑚礁上，把包括珊瑚蟲活體在內的礁盤一起消化掉。刺冠海星的數量會發生週期性的劇增，有時甚至能把整片的珊瑚礁都吃掉。

在珊瑚礁中生活的還有海綿、海葵、海參、海鞘、水母、巨蛤、魚蝦類等。就如同是海洋中的熱帶雨林，珊瑚是雨林中的「樹木」，魚類和軟體動物是其中的「鳥獸」。和雨林一樣，也有各種生存競爭，光魚類共有 150 種之多，競爭非常激烈。

## 喀納斯湖

蒙古語喀納斯是「美麗富饒、神祕莫測」、「峽谷中的湖」的意思。它在新疆阿勒泰地區布林津縣的北部，是一個高山湖泊，坐落在阿勒泰的深山密林中。中國絕大多數的江河屬於太平洋水系，但是，喀納斯卻是屬於北極海水系的。湖的四周，密布著原始森林，陽坡被茂密的草叢所覆蓋。湖水主要的主要來源是奎屯、友誼峰等山的冰河融水以及當地從地表或地下流入的降水。

喀納斯湖是中國唯一一塊西伯利亞區系動植物保護分布區，以喀納斯湖為中心，建立起了總面積達 5,588 平方公里的喀納斯湖自然景觀保護區，從上往下垂直分布著冰河恆雪帶、山地凍雪帶、高山草甸帶、山地草原帶等。

### 喀納斯湖的動植物

身為中國唯一一塊南西伯利亞區系動植物分布區，喀納斯湖生長著西伯利亞區系的落葉松、紅松、雲杉、冷杉等珍貴樹種，還有眾多樺樹林，已知的植物就有 83 科、298 屬、798 種。不同植物的群落色彩不同、層次分明。秋季，各種植物就「爭奇鬥豔」：金黃、殷紅、墨綠各具特色。林中的灌木也很茂盛，連枯葉朽木上都長滿了苔蘚、野草。林間的空地青草如茵、山花爛漫。

喀納斯湖也是中國難得歐洲生態系統特徵的自然區域，裡面有動物 39 種，鳥類 117 種，魚類 5 科 8 種，昆蟲 300 多種，其中國家一級保護的動物 5 種，二級的 13 種，其他稀有動物的 9 種，昆蟲真菌的新種紀錄至少 60 個。喀那斯湖中還有「大紅魚」——一種被認為是「湖怪」的稀有魚類。此外，還有各種獸類、鳥類、兩棲爬行類動物、魚類、昆蟲類等在這裡繁衍生息。

## 喀那斯奇觀

喀納斯景區有很多「唯一」：它是亞洲唯一的「瑞士風光」，是中國唯一和四國接壤的自然保護區，是額爾齊斯河（中國唯一的北極海水系）最大支流布林津河的發源地……喀納斯奇特的景觀是它獲得如此多殊榮的主要原因。

- ✧ **枯木長堤**：喀納斯湖最北的入湖口有 1 公里的枯木長堤，是喀納斯湖的一大奇觀。洪水來時，枯木長堤會飄起來。按理說，這些枯木會向下漂流，但多年來，它們卻奇怪地浮動著逆流而上，長長地橫列在喀納斯湖最上游的六道灣裡。據說，有人曾經將枯木扔到下游的五道灣裡，但那些枯木最終還是回到老地方，與長堤連成一體。原來，每當洪水季節，河水攜帶上游大量的枯木漂入湖口，但因有強勁的谷風，在遇到喀納斯湖南面的巨大山體後風力變向，推動著漂入湖水中的浮木，逆流上漂，逐漸在湖口匯集堆疊，形成一條寬百餘公尺、長兩千公尺的枯木縱橫交錯成「公里枯木長堤」。
- ✧ **湖怪**：喀納斯湖的另一奇觀是湖中巨型的「湖怪」。據當地人傳說，喀納斯湖中有一個巨大怪獸，能夠行雲噴霧，吞食岸邊的牛、羊和馬。這類傳說從古到今綿延不斷。近年來，科學家考察人員從山頂觀察到了巨型大魚，成群結隊，掀波作浪在湖中漫游，一時把「湖怪」傳得沸沸揚揚，又為美麗的喀納斯湖增添了幾分神祕的色彩。喀納斯湖的神祕大概與湖怪傳說有關。據專家考察，所謂湖怪，其實就是那些喜歡進行成群結隊活動的大紅魚。這是一種生長在深冷湖水中的「長壽魚」，壽命最長超過 200 歲，而且牠們行蹤很詭譎，沒有經驗的人是很難捕捉到牠們的。但當地人並不相信，在他們自己的傳說裡，湖怪能吃掉一整頭牛，但誰也說不清湖怪的樣子。

✧ **雲海佛光**：每年 8 月分，雨後清晨，喀納斯山區的谷地就會被濃濃的雲霧所遮蓋，只有一座座 2,000 公尺以上的峰頂露在外面。這時，登上一覽亭觀賞日出，就會看見頭頂碧藍的晴空斜掛著巨大的朝日，遠近的雪峰，在朝陽下，反射出耀眼的光芒，腳下的白雲如浪濤一樣隨風翻滾，彩雲帶著反射的太陽霞光變幻無窮地迎面而來。大約上午 10 時，太陽升到一定角度時，在湖西山谷的雲霧中便逐漸顯現出一個半圓形的巨大彩色光環，七色俱備，鮮豔奪目，下半部則沒於雲霧中。光環色澤隨著雲霧的濃淡變化也時明時暗、時深時淺，這就是所謂的雲海佛光。佛光大約持續 15 分鐘左右，隨著太陽的高度、光線角度的變化就漸漸消失了。

✧ **變色湖**：喀納斯湖另一奇觀就是變色湖。春夏時，湖水會隨天氣變化而產生顏色改變。5 月，湖水冰雪融化，湖水呈青灰色；6 月，周圍群山植物泛綠，湖水呈淺綠或碧藍色；7 月，洪水期到來，由於有了上游白湖的白色湖水大量補充，湖水由碧綠色變為微帶藍綠的乳白色；8 月，受降雨影響，湖水呈墨綠色；9 月、10 月，上游湖水的補給減少，再加上周圍植物顏色發生變化，湖水變成翡翠色。湖水會變色，是因為季節變化引起上游河水所含的礦物成分多少產生變化；同時，周圍群山植物隨著季節變化的顏色不同，不同色彩倒映在湖中，陽光的角度也發生變化，還有不同季節的光合作用對湖水顏色也有一定影響。

✧ **臥龍灣**：臥龍灣在布林津縣去喀納斯的途中距縣中心約 140 公里，距喀納斯約 10 公里處。四周森林繁茂、繁花怒放、綠草如茵；小島景色秀美，進水口的巨石抵住中流，激浪拍著巨石，呈現玉珠飛濺的妙境。湖的洩水口有座橫跨東西的木橋，站在橋上向北看，是平如鏡的臥龍灣，向南看，是奔騰咆哮的喀納斯河。

✧ **月亮灣**：月亮灣如同鑲刻在喀納斯河的明珠，能夠隨著喀納斯湖水的變化而改變。傳說，湖內有嫦娥奔月所留下的腳印，也有傳說這腳印是成吉思汗當年追擊敵人時所留下的。

**延伸閱讀 —— 喀納斯湖邊的圖瓦人**

圖瓦人亦稱「土瓦」和「德瓦」、「庫庫門恰克」，歷史非常悠久，早在古代文獻中就曾記載。

有些學者稱，圖瓦人是成吉思汗西征時所留下的一部分老弱殘兵，後來一直繁衍。但是，喀納斯村的長者稱他們祖先是 500 年前從西伯利亞來到這裡的，他們與現今俄羅斯圖瓦共和國圖瓦人屬於同一個民族。

圖瓦人現在還保存著獨特的生活習慣、獨特的語言，圖瓦語是屬於阿勒泰語系突厥語族的，與哈薩克語言相似。生活習慣上，圖瓦人除歡慶蒙古族傳統節日——敖包節外，還有自己的鄒魯節（入冬節）、漢族人的春節和元宵節。圖瓦人是信佛教的，喪葬方式是屈體入葬。

圖瓦人在阿勒泰喀納斯湖圖瓦村和白哈巴圖瓦人村居住，喀納斯湖與圖瓦人融為一體，構成喀納斯湖旅遊區特有的民族風情。

## 天山天池

天山天池是新疆維吾爾自治區的著名湖泊，位於烏魯木齊東北 100 公里處，在博格達峰北坡的山腰。池面海拔 1,910 公尺，南北長 3.5 公里，東西寬 0.8～1.5 公里。池濱雲杉環繞、雪峰輝映，壯觀異常。天山天池風景區以高山湖泊為中心，加上雪峰倒映，雲杉環抱，風光秀麗。

### 西王母傳說的人間仙境

天山天池是一個天然的高山湖泊，湖面是半月形的，長達 3,400 公尺，最寬處約有 1,500 公尺，面積達 4.9 平方公里，最深處約達 105 公尺。天池是因為古代冰河、泥石流堵塞了河道而形成的，曲折而狹長，幽深而清澈。四周的雪峰上，消融的雪水也匯集到這裡，是天池源源不斷的水流來源。

在地質學上天池屬於冰磧湖，湖水是高山融雪匯集而成的，水深百公尺。盛夏，湖周綠草成茵、百花怒放，相當明豔。即使在盛夏，湖水的溫度還是非常低，所以這裡還是避暑的好地方。

天池背靠著博格達峰，該峰終年都有積雪。站在天池邊，眺望白雪皚皚的雪峰，別有一番風味。天池四周的山腰上，有許多雲杉林，形狀就像寶塔。雲杉林深綠、挺拔又整齊，充滿氣勢，顯示出了高山風景區所特有的景色。清澈的湖水，皚皚的雪峰和蔥蘢的挺拔雲松林，組成了天池的迷人風光。

來到天池如登仙境，「瑤池仙境世絕殊，天上人間遍尋無」。這裡流傳著西王母與天池的傳說：

> 天池俗稱「海子」，古稱「瑤池」。稱「瑤池」，首推《穆天子傳》，卷三載：「乙丑，天子觴西王母於瑤池之上。傳說是西王母（活動在新疆地區的一個母系氏族部落的女酋長）與穆天子歡宴的瑤臺仙境。

據《山海經》、《穆天子傳》、《竹書紀年》等記載，大約在西元前10世紀，周朝第五代國君——周穆王姬滿，命令造父駕著8匹駿馬，率領六師，放諮西來，遊至西王母的國家，會見西王母。西王母在風景秀麗的瑤池設宴，款待周穆王。舉箸奏樂間，西王母與穆天子應酬唱和。周穆王贈送給西王母白圭、玄璧以及中原的特產錦綢美絹之類。王母拜謝接受，也回贈給周穆王當地的瑰寶、奇珍。周穆王贈送給西王母的絲帛150丈，絲綾450丈。而西域的白玉、壁玉在中原被視為珍寶，《穆天子傳》中有穆王「取玉三乘」、「載玉萬隻」的說法。這證明3,000年前，西域與中原就已經有交流。西王母曾經請周穆王遊歷瑤池和西王母國的山川名勝。遊覽瑤池之時，穆王登山，立石為碑，寫下「西王母之山」5個大字，以記此行，並種下槐樹來留念。臨別之時，周穆王依依不捨，西王母也歡飲再三，對他千叮萬囑：「祝君長壽，願君再來！」周穆王和西王母瑤池相會的傳說還激發了眾多文人墨客的無限遐想。

其實，「天池」一名來自清乾隆48年，新疆都統明亮到博格達峰天池題「神池浩渺，天鏡浮空」的石碑。天池是「天鏡」和「神池」二詞分別取首尾二字而來。

## 迷人的天池風景區

天池風景區以天池為中心，包括上、下四個完整的山地自然景觀帶，總面積達 380.69 平方公里。天池的湖水清澈如玉；四周有群山環抱，綠草如茵，繁華似錦，有「天山明珠」的美稱。挺拔蒼翠的雲杉塔松漫山遍嶺。

天池風景區可分為「大天池遊覽區」、「大天池北坡遊覽區」、「十萬羅漢涅般木山遊覽區」、「娘娘廟遊覽區」、「博格達峰北坡遊覽區」，每區有 8 景，一共 40 景。

天池東南面是雄偉壯觀的博格達主峰，蒙古語中「博格達」的意思是靈山、聖山，海拔 5,445 公尺，主峰左右兩邊又有兩峰。抬頭看，三峰並起，如劍一般突兀插雲。峰頂的冰河積雪閃著銀光，與天池澄碧的湖水交相輝映，構成了高山平湖充滿奇趣的自然景觀。

天池有三處水面，主湖之外，東西還有兩處水面，東側是東小天池，古名叫黑龍潭，在天池東 500 公尺的地方，傳說為西王母沐浴梳洗之地，所以還有「梳洗澗」、「浴仙盆」的稱呼。潭下是百丈的懸崖，瀑布飛流而下，就像一道長虹，依天而降，非常壯觀。西側是西小天池，又稱為玉女潭，相傳是西王母洗腳之處，在天池西北 2,000 公尺處，池側也飛掛著一道瀑布，高達數十公尺，就像銀河落地一樣，濺玉吐珠，稱為「玉帶銀簾」。池上還有聞濤亭，登亭就能觀上瀑布，可以看到簾卷池濤、松翠水碧的美景，亦可以聽到水擊岩穿、聲震裂谷的奇聲，真是別有一番情趣啊！

天池以西3,000公尺處是燈杆山，海拔達2,718公尺，山體長達3,000公尺。老君廟、東嶽廟就建在這裡。當年，道士在山頂上立一根松杆，上面掛著天燈，晝夜不滅，烏魯木齊的百姓就都將天燈當神喻，只要燈長明不滅，就預示世道的太平，所以該燈又被稱為「太平燈」。

天池西南2,000公尺處是馬牙山，海拔達3,056公尺，山體長5,000公尺，山頂有斷崖，巨石林立，就像是一排巨大的馬牙，因此而得名。馬牙山石林也是天池風景區的一絕，巨石在風的侵蝕下形成獨特的景觀，石廳奇形怪狀、形態各異，有些像巨齒獠牙，有些像猛獸血口，有些又像層層翻捲的大海波濤，還有些像頭著毛帽、神態安然的古代牧人。

### 延伸閱讀 —— 天山的動植物

天山山系中大多數的雪峰終年被冰雪所覆蓋，但是，在3,000公尺雪線之下的地區動植物資源還是很豐富的。

在托木爾峰以及博格達峰的山麓、河谷地區，滿山遍野的雲杉、塔松一年都是青的。托木爾峰南北兩坡的茂密森林是新疆的木材主產區之一。草原和森林草原帶中還有大量貝母、紫草、黃精、荊芥、天仙子、益母草、大黃等；在雲杉林裡，野薔薇、黨參等隨處可見；在高山草原帶中，迎風怒放、枝葉招展的金蓮花一片片；在雪線附近的亂石堆裡，雪蓮凌寒怒放、清香散發，遠看去，就像一隻隻玉兔，使這片冰天雪地的白色世界帶來生機。

以體長而兇猛著稱的天山蒼鷹雙翅展開，有2公尺多長，牠一會兒扶搖直上，一會兒又在空中盤旋，可一旦發現了野兔、黃羊或其他獵物，就會如同一把利劍一樣，橫空劈下，速度之快可用「迅雷不及掩耳」來形容。野駱駝是天山的動物中最警覺的，牠膽子小、疑心大，稍微有點風吹草動，就會遠遁而去，牠的四肢都細長有力，奔跑時輕捷且無聲，如疾風一樣。可是牠和大頭羊、麅子、茶騰大尾羊、雪線附近的雪雞等卻也成了天山人狩獵的對象，人們捕獲黃羊和大頭羊後，會架起火堆就地進行燒烤，再以美酒相配，這樣一頓別有風味的野餐真是讓人垂涎。

# 青海湖

青海湖古代稱為「西海」、「鮮水」或「鮮海」，蒙古語稱為「庫庫諾爾」，藏語稱為「錯溫波」，是「青色的海」或「藍色的海洋」的意思。因為這一帶以前是卑禾羌的牧地，所以它還叫作「卑禾羌海」，漢代也曾經有人稱它作「仙海」，「青海」的名字是從北魏起才改叫的。

青海湖地處青海省的東北部，四周被高山環抱；北面是美麗壯觀的大通山，東面是巍峨高聳的日月山，南邊是連綿的青海南山，西邊是崢嶸的橡皮山。青海湖的周長達 360 公里，面積一共 4,583 平方公里，是中國的最大鹹水湖。湖區大大小小的河流近 30 條。湖東岸有兩個子湖，一名朵海，面積超過 10 平方公里，是鹹水湖；一名耳海，面積達 4 平方公里，為淡水湖。

在湖畔遠望：遠山蒼翠，合圍環抱；湖水碧澄，波光瀲灩；草灘蔥綠，羊群成片。湖面一望無際，碧波連天，魚兒歡躍，雪山映照，百鳥翱翔。湖濱的地勢開闊、平坦，水源較充足，再加上這裡的氣候溫和，所以是水草肥美的天然牧場。

## 青海湖的地質形成

青海湖是地層下陷形成的湖，湖盆的邊緣多數透過斷裂帶和周圍的山相連。距今 20 ～ 200 萬年前成湖初期，青海湖是一個大淡水湖泊，與黃河水系相通。那時的氣候是溫和多雨的，湖水經東南部倒淌河流進黃河，形成一個外流湖。到 13 萬年前，因新構造運動，周圍的山地強烈地隆起，從上新世末起，湖東部的日月山、野牛山也迅速地上升、隆起，原本注入黃河的倒淌河就被堵住了，它被迫從東往西流進青海湖，於是，朵海和耳海就出現了，後來，海晏湖、沙島湖等子湖也分離出來。

因為外流的通道被堵塞，青海湖就逐漸變成了一個閉塞湖，再加上氣候不斷變乾，青海湖也由淡水湖逐漸變成鹹水湖。北魏時期，青海湖的周長號稱千里，唐代為 400 公里，到了清乾隆時就減為 350 公里了。目前，青海湖呈橢圓形，周長 300 多公里。

青海湖的水主要來源是河水，還有一些是湖底的泉水以及降水。湖周圍大大小小的河流有 70 多條，不對稱分布。湖的北岸、西北岸以及西南岸的河流比較多，流域的面積也較大，支流比較多；湖的東南岸、南岸的河流則比較少，流域的面積小。其中，布哈河是流入該湖最大的一條，發源自祁連山支脈 —— 阿木尼尼庫山，河長約 300 公里，僅主流就長達 92 公里，支流有幾十條，較大支流就有 10 多條，下游的河面寬約達 50 ～ 100 公尺，深有 1 ～ 3 公尺，流域面積約達 1.66 萬平方公里，占整個湖區各河流流域面積的一半，年流量達 11.2 億立方公尺，占入湖徑流的 60%。

青海湖獲得徑流補給主要來自布哈河、沙柳河、烏哈阿蘭河和哈爾蓋河 4 條大河，這些河的年流量可達 16.12 億立方公尺，在入湖流量中占了快 90%。

## 青海湖中的 5 個島嶼

在不同季節，青海湖的景色也各不相同。夏秋是四周巍峨的群山以及西岸廣袤的草原披上綠裝之時，青海湖畔天高氣爽，山清水秀，景色綺麗。遼闊而起伏的草原就像鋪上了一層厚綠毯子，五彩多姿野花將著綠毯點綴得美輪美奐，一群群牛羊、剽悍的駿馬又像是璀璨的珍珠灑滿整個草原；湖畔有大片整齊的麥浪翻滾或菜花泛金的農田，讓人喜悅無比。但當寒流來臨時，四周的群山、草原變得一片枯黃，湖面也成了冰封玉砌的樣子，陽光下，熠熠生輝，放射著奪目的光芒。

青海湖最著名的景點是它擁有的 5 座島嶼：

鳥島：也稱為小西山，或因為鳥蛋遍地而被稱為蛋島，在布哈河口北面的 4,000 公尺處，島的東邊較大，西邊較窄長，形狀就像是蝌蚪，全長達 1,500 公尺。鳥島是亞洲所特有的鳥禽繁殖之處，也位列中國八大鳥類保護區的首位，是青海對外開放的重要地區。每年 3、4 月分，雁、鴨、鶴、鷗等候鳥陸續從南方遷徙來，在這裡築巢；5、6 月間，會出現鳥蛋遍地的景象，不久幼鳥成群，熱鬧非常；7、8 月間，秋高氣爽，群鳥或在藍天翱翔或遊弋在湖面；9 月底，群鳥開始南遷。

海心山：在青海湖中心略偏南一點，距離鳥島約 25 公里，島形很長，是由花崗岩、片麻岩等組成的。島東邊有一湖，可作飲用水；南部的岩石裸露，形成陡崖；東、西、北三面是平緩的灘地。島上大部分地區被沙土所覆蓋，也有冰草、嵩草、芨芨草、鐮形棘豆、披針葉黃花、西伯利亞黃精等生存在這裡，植被覆蓋度在一半以上。鳥禽就主要集中在島崖邊和碎石灘地。

海西山：又叫海西皮，在布哈河口以北的 6,000 公尺處，和鳥島同處於布哈河沖積灘地之頂端。島的東北邊有緊靠湖邊的斷層陡崖，陡崖外有一塊柱形岩石屹立在湖中，那裡是鸕鷀的繁殖地。

沙島：沙島曾經是湖最大的島嶼，長約 13 公里，最寬約 2,800 公尺，最高點海拔 3,252 公尺，它是因為湖中砂壟突出水面，風沙堆積後形成的。1980 年，沙島東北端與陸地相連，成了半島，還圍成了面積達 33 平方公里的沙島湖，島的表面由沙礫所覆蓋，是魚鷗棲息繁殖所在。

三塊石：又稱為孤插山，是由 7 塊密集在一起的石灰石、礁石組成的，高約有 17 公尺，島上在碎石塊的間隙裡有牛尾蒿等生長。

青海湖是一個極其富有神祕氣息的聖地，還是一個讓全世界科學家都注目的寶湖。科學家考察發現湖裡有豐富的礦產資源。這裡還盛產湟魚，在中國西北地區，它是最大的天然的魚庫。4、5 月間，魚群會游向附近的河流去產卵，布哈河口被成群結隊的魚群所鋪蓋，使得湖水變黃，群魚游動產生劈啪聲，非常壯觀。

### 延伸閱讀 —— 關於青海湖的傳說

青海湖有很多美麗的傳說，藏族人稱青海湖在很久以前只是一口神井，當年有位名叫白馬江安的智者在井邊，他在那裡刻苦修行的同時提供井水給過路的行人。人們喝了神井的水後立刻就能解渴，而且還精神百倍。後來他要去印度，臨行前他就囑咐徒弟們，要繼續施水給往來行人，而且一定要記得將井口蓋好，但是卻他忘記說不蓋井口的後果。一天，徒弟施水後忘了蓋上井口就睡著了。到深夜，井水速漲後往外溢出，釀成了水災，將這裡變成了汪洋大海，很多牧民、牛羊都被淹沒。當時，白馬安江行至印度的邊界，感到心驚肉跳，猜測是神井氾溢成災了，於是就隨手托起座小山，默念了一會，小山就飛起來，最後飛落在井口之上。但溢出的水是無法退去的，於是青海湖形成了，那座壓在井口的小山就是現在的海心山了。

蒙族人則是這樣傳說的：古來環湖居住著好多民族，一些部落常會挑起戰爭，殺得屍橫遍野，血染草灘。後來，蒙古族部落裡出了英雄庫庫諾爾，他教導本族的人與鄰族人和平相處。當鄰族人受到狼豹襲擊時，他會帶著本族人去幫忙驅逐；當鄰族人遇到天災、牛羊都死亡時，他就說服本族人去周濟鄰族人。慢慢地，蒙古人和鄰族人民之間的仇隙解除了，像一家人一樣。可是庫庫諾爾卻因為奔忙，勞累成疾而死。環湖的人民哀思他的痛哭聲震天動地，上天知道他真正的英雄，就將他封為「團結之神」，讓他來管理環湖人民的福禍。人們知道這件事情後，都奔相走告，還把青海湖也改稱為「庫庫諾爾」，讓它成為團結友愛的標誌。

## 長江三峽

長江三峽西起自重慶奉節縣，東到湖北宜昌市，全長達205公里，從西往東主要有：瞿塘峽、巫峽、西陵峽三大峽谷地段，三峽也是因為此三大峽谷而得名的。

三峽的兩岸高山對峙，還有陡峭的崖壁，山峰高出江面一般1,000～1,500公尺，江的最窄處不足一百公尺。三峽是因為該地區地殼上升，長江水被激起下切而形成的。

從白帝城到黛溪的是瞿塘峽，巫山到巴東官渡口的是巫峽，秭歸的

香溪到南津關的是西陵峽。長江三峽的水道曲折、險灘多，舟行到峽中，會有「石出疑無路，雲升別有天」的感覺。

長江三峽是中國十大風景名勝之一，被稱為長江最奇秀壯麗的山水畫廊，也稱為「大三峽」。這裡還有大寧河的「小三峽」、馬渡河的「小小三峽」。兩岸的高峰夾峙，狹窄而曲折，灘礁棋布，水流湍急。

## 三峽的地理演變

對於三峽形成有很多傳說。流傳最廣的是「大禹開江」之說，長江的主流最早並不是經過現在的三峽而流下的，而是經過古之南江的「涔水」。因當時天下洪水氾濫，大禹掘巫山，讓江水得以東過，使得長江東流之注五湖（長江中下游的洞庭湖、鄱陽湖、太湖、洪澤湖、巢湖）之處，三峽之水從此暢通，長江的主流才改從現在的河道（即北江）流過。大禹導江治三峽是有記載的，春秋的孔子、漢代諸葛亮、晉代郭璞、北魏酈道元等歷代名人，都對此有論述。

另一個傳說與成語「杜鵑啼血」相關。相傳以前四川的蜀國有個國王叫望帝，是個人人都愛戴的好皇帝，他帶著人民經過多年努力終於把蜀國建成了天府之國。在湖北荊州，有個井裡的大鱉幻成了人形，可是剛從井裡來到人間的他不知何故死去了。而且奇怪的是死屍在哪裡，那裡的河水就向西流去。鱉精的屍體就隨水西流，由荊水沿長江一直往上浮，浮過三峽，到達岷江。這時，他突然活過來，就自稱「鱉靈」，去朝拜望帝。巧的是望帝正愁眉不展，因為人們燒山開荒，想趕走的龍蛇鬼怪，可他們就是不肯離開，還用法術把川西一帶的大石運到夔峽、巫峽的山谷中，堆積成崇山峻嶺，把大水擋住了。結果，水位越漲越高，老百姓的房屋和梯田都被淹沒。鱉靈聽後就自薦治水。望帝很高興，封他為丞相，命他去除鬼怪，開河放水，救百姓。領了聖旨的鱉靈帶了很多有本領的兵馬、工匠，經過努力，不僅制服了鬼怪，還把巫山一帶的亂石、高山鑿成了夔峽、巫峽、西陵陝等峽谷，將匯積在蜀國的滔天洪水瀉了出去，經過 700 里的河道引到東海。鱉靈立了大功，望帝就將王位讓給了他，自己卻隱居到西山。殊不知，鱉靈做了國王後就居功自傲，獨斷暴力了，消息傳到西山的望帝那裡，他非常著急，吃不好睡不著，決定親自進宮，勸導鱉靈。老百姓知道後，都跟在望帝後面，進宮請願。

這樣一來，鱉靈以為是老國王要收回王位，帶著老百姓來推翻他。於是，他下令緊關城門，望帝進不了城，就靠城門痛哭。最後，他想到變成一隻飛鳥才能飛進去，將愛民、安天下的道理將給鱉靈。於是他真的化為杜鵑鳥，而且因為苦勸鱉靈以及以後的帝王，啼出的血將嘴巴染紅。這就是「杜鵑啼血」故事。

當然這些傳說只不過是古人長期面對洪水患亂的願望展現，實際上從地形上看，長江三峽根本就不可能以人工開鑿，而是經過強大的造山運動引起海陸的變遷與江河的發育。

三峽地區在遠古時是一片汪洋大海。1 億 8 千萬年前，印支的造山運動使華南地區形成陸地，與華北的陸地連接起來，中國的地勢東高西低，西南地區還是屬於古地中海的，古長江是由東往西，流向古地中海。7,000 萬年前，燕山的造山運動把巫山山脈從北向南隆了起來，古長江被切斷，於是，巫山以東的古長江就向東流去，巫山以西的古長江還是向西流的。4,000 萬年前的新生代之初，喜馬拉雅的造山運動使中國西部地區迅速地抬升起來，形成了世界的第三高峰 —— 青藏高原、形成了中國西高東低的地勢，這樣西部的水就向東流去，沖刷切割阻擋的巫山山脈。長江的洶湧波濤將巫山山脈劈開，奪路奔流，壯麗的長江三峽大峽谷就這樣形成了。

三峽鬼斧神工的地理奇觀，雄、壯、險、奇的天然美景，是造物者在大地上刻畫雕琢出的驚世傑作，也是大自然在地球表面留下的眾多奇蹟裡面最雄奇壯觀、最讓人吃驚的一處。在三峽的兩岸，人們可以欣賞世間罕見的峽谷地形、名山麗水、溶洞景觀，還能考察 4,000 多年前的歷史文化、200 萬年前的古人類活動遺跡，因為這裡保存了罕見卻完整的地層古生物資料以及地質地形現象，是中國國家地質公園中最大的地質博物館。

## 長江三峽的景觀特色

長江三峽是世界最大峽谷之一，驚心動魄的壯麗山河使它聞名中外。由瞿塘峽、巫峽和西陵峽組合而成的，完美地建構出壯觀瑰麗的畫卷。

瞿塘峽的山勢險峻，像斧削而成的那樣上懸下陡，其中的夔門山勢最為雄奇，可說是天下的雄關，所以有「夔門天下雄」之稱，甚至有「眾水會涪萬，瞿塘爭一門」的詩句來形容。江水到這裡，水流湍急，波濤怒號，蔚為壯觀。清詩人何明禮的詩句「夔門通一線，怪石插流橫。峰與天關接，舟從地窟行」寫得甚為貼切。

巫峽幽深秀麗，兩岸的峰巒也挺拔秀麗，古樹和青藤在岩間繁茂生長，還有飛瀑泫泉懸瀉在峭壁之上。峽谷九曲回腸，船在裡面形式，會有「曲水通幽」的感覺。巫峽最著名的是巫山的 12 峰，神女峰是最富魅力的，它聳立在江邊，就像一幅濃淡合宜的山水國畫。唐代詩人元稹詩作：「曾經滄海難為水，除卻巫山不是雲。」就是很好的例證。

西陵峽則灘多水急，其中的洩灘、青灘和崆嶺灘為著名的三大險灘。

在瞿塘峽北岸的黃褐色懸崖上有幾個寬約半公尺豎立洞穴，裡面曾有長方形物體，從遠處看，就如同風箱一樣，因此被稱為風箱峽。那些其實是戰國時遺留的懸棺，目前，一共發現了 9 副，棺中有青銅劍、人骨。現在，懸棺已墜毀，但洞穴仍保存著。南岸粉壁崖上還有很多古人題詠的石刻，篆、隸、楷、行，造詣各殊，刻藝精湛。

岩壁上依次的排列石孔是古棧道的遺跡，一般距離水面約 30 公尺，深約 0.5 公尺，多數是上、下兩排。古時在石孔上插一根 6 寸的木棍，再在木棍間鋪上木板，就成了大寧河的棧道，人們就是在這樣的木板上行走，運送物資的。

## 雄偉的三峽工程

長江三峽水利樞紐工程包括：一座混凝重力式的大壩和洩水閘、一座堤後式的水電站、一座永久的通航船閘還有一架升船機。三峽工程建築是由大壩、水電站廠房、通航建築物 3 部分組成的。大壩壩頂的總長達 3,035 公尺，壩高達 185 公尺，水電站的左岸設有 14 臺表機，右岸則有 12 臺，前排是容量 70 萬瓩的小輪發電機組，總裝機容量達到 1,820 萬瓩時，每年的發電量可達 847 億瓩時。通航建築物在左岸，永久通航建築物是雙線五包的連續級船閘還有早線一級的垂直升船機。

長江三峽工程共分 3 期，總施工期 18 年。第一期 5 年（1992 ～ 1997 年），除準備工程外，主要進行一期的圍堰填築，導流明渠開挖。修築混凝土縱向圍堰和 120 公尺高的修建左岸臨時船閘，左岸永久船閘、升爬機和部分石壩段的施工在這一期開始。第二期工程是 6 年（1998 ～ 2003 年），主要任務是修築二期圍堰、左岸大壩電站的設施建設和機組的安裝，同時，還完成永久特級船閘和升船機的施工。第三期工程 6 年（2003 ～ 2009 年），右岸大壩和電站施工是主要的任務，全部機組安裝繼續。三峽水庫是一座長 600 公里，寬達 2 公里，面積達 10,000 平方公里且水面平穩的峽谷型水庫。

專家指出，大壩建成後，水位升高，水面寬廣，峽谷的感覺略有減弱，但是仍能保有三峽雄奇幽深的風采。像瞿塘峽兩側的高峰，海拔達

1,000 多公尺，水到這裡只是升高了 40 多公尺，只是淹到峰腳而已，「夔門天下雄」的氣勢與以前一樣；神女峰海拔達 900 多公尺，而下淹還不到 50 公尺，根本沒有什麼影響。

當然，損失還是有的，首先「險」字沒了，其次有些景點還是被淹沒了。對此，相關部門也有應對的保護計畫，例如將張飛廟、屈原祠拆遷，移往別處。

當然，有失就有得。水庫區水位升高後，交通更加便利，一些昔日藏伏在深山老林而不大為人所知的旅遊資源將被開發利用，為三峽增添新的景點。如小三峽上游會出現景色更幽的小小三峽等。

### 延伸閱讀 —— 巫山文化遺址

考古資料顯示，長江三峽巫山地區的文化沉積是相當豐厚的，有史可考的文化遺址遍布長江、大寧河的兩岸，有 170 處之多。在這些遺址中，距今四五千年的大溪文化遺址、魏家梁子遺址、大寧河岸雙堰塘遺址最具特色。雙堰塘遺址面積接近 100 平方公里，在這裡曾經出土過三羊獸形銅尊、編鐘石磬、石範。經專家分析這一帶或許是一處古代巴人活動的中心地域，或者是「巴墟」的所在地。

巫山文化遺址中，長江南岸巫山縣廟宇鎮龍骨坡 200 萬年前人類化石的發現是最令人震驚的。新石器時代晚期的魏家梁子文化的發現也讓巫山成了研究三峽歷史的重點區域。長江和大寧河兩岸，巫山境內發現的幾處大型古代城址，是研究古代三峽地區政治、經濟、文化、社會發展的重要資料。

# 不沉的死海

死海是內陸鹹水湖，在巴勒斯坦與約旦中間的約旦谷地，它的西岸是猶太山地，東岸是外約旦高原。約旦河每年會向死海注進 5.4 億立方公尺的水，另外，還有 4 條較小但是常年有水的河流也從東面注入死海。夏季蒸發大，冬季又注入多，所以，死海水位就有了季節性的變化，從 30 ～ 60 公分不等。

死海長 80 公里，寬處是 18 公里，表面積約達 1,020 平方公里，平均深度為 300 公尺，最深處可達到 415 公尺。湖東面的利桑半島把該湖劃分成了兩個大小、深淺各不相同的湖盆，北面的湖盆面積占了 3/4，深處達 415 公尺，南面平均深度則不到 3 公尺。因為死海在有爭議的約旦與巴勒斯坦的邊界，因此，一直沒能大規模地通航。

## 死海的成因

關於死海的形成，有一個古老的傳說：遠古時期，這裡是一片大陸。村裡的男子們有一種惡習，先知魯特勸說他們改邪歸正，但他們不悔改。上帝決定對他們進行懲罰，就暗中諭告魯特，讓他攜帶家眷在既定的時間前離開村莊，還告誡他離開村莊後，無論身後發生多大的事，都不要回過頭看。於是魯特按時離開了村莊，走了沒多遠，他妻子因好奇而偷偷回過頭看了一眼。轉瞬之間，好好的村莊都塌陷了，她眼前的只剩下一片汪洋大海 —— 死海。因為她違背了上帝的告誡，被變成石人。雖然經過幾十個世紀的風風雨雨，她仍舊立在死海附近的山坡上，守望著死海。上帝還懲罰那些執迷不悟的人，讓他們沒有淡水喝，也無法用淡水來種莊稼。

其實，死海作為一個鹹水湖，是自然界變化的結果。死海處於約旦和巴勒斯坦之間、南北大裂谷的中段，南北長達 75 公里，東西寬 5 ～ 16 公

里，海水的平均深度達 146 公尺，最深的地方約 400 公尺。它的源頭主要是水中含有很多礦物質的約旦河。河水流進死海後，不斷蒸發，礦物質就沉澱下來，蒸發的水量比注入的淡水多，這樣海水的含鹽量就越來越高，鹽的比重是大洋海水的 4 倍。時間久了，越積越多就形成了現在世界上含鹽量最高的鹹水湖。

由於死海的特殊性，它也造成了數倍於海洋的浮力，所以人跳進死海裡不會下沉，反而可體驗到在其他海洋裡無法感受到的漂游之感。

## 死海獨特的海水

死海的水中含鹽量高，越到湖底就越高，比普通海洋的含鹽分高出 9 倍，最深處的湖水已經化石化了。因為鹽水的濃度高，游泳者很容易浮起來。湖水中除了細菌外，無其他的動植物。漲潮時，約旦河以及其他小河裡游來的魚會瞬間死去，因為死海就是個大鹽庫。據估計裡面的總含鹽量約 130 億噸。但近年來科學家發現死海湖底的沉積物中還是有綠藻、細菌等存在。

死海海水呈深藍色，非常平靜，實際上，湖中有兩個不同水團，從水面到 40 公尺深處，水溫在 19 ～ 37℃之間，含鹽量較低的，水裡含有豐富的硫酸鹽、碳酸氫鹽等。在 40 ～ 100 公尺的過渡地帶，下層的水溫不變，約 22℃，含鹽量高，還有大量的硫化氫和高濃度錳、鎂、鉀、氯、溴等，深水之中還有飽和的氯化鈉沉澱。

死海是個鹽儲藏地，主要蘊藏於西南岸的塞多姆山。自古代開始，這裡的鹽就已經有少量的開採。1929 年，有人在約旦河口卡利亞開辦了鉀鹼廠，之後又在塞多姆建了輔助設施。在 1948 ～ 1949 年的以阿戰爭中，該工廠被摧毀。1955 年，死海工廠有限公司在塞多姆興建了一家生產鉀鹼、鎂和氯化鈣的工廠，還有另一家生產溴和其他化學產品的工廠。

## 死海中有生物嗎

死海含鹽度高，據稱除了個別的微生物，水生植物以及魚類等生物在死海裡都是無法生存的，故得死海之名。洪水來臨時，約旦河和其他溪流中的魚蝦會被沖進死海裡，因受不了含鹽量太高的環境，而且水中還嚴重缺氧，這些魚蝦的結局必定是死亡。

死海真的就沒有任何生物嗎？美國、以色列的科學家研究後，揭開了這個謎：在這種最鹹的水中，還是有幾種細菌以及一種海藻生存的。原來死海中有一種微生物稱為「盒狀嗜鹽細菌」，它有防止鹽侵害的獨特蛋白質。

眾所周知，蛋白質通常都必須置於溶液中，如果離開溶液就要沉澱，形成機能失調的沉澱物。高濃度鹽分可以讓多數的蛋白質產生脫水。而「盒狀嗜鹽細菌」的這種蛋白質即使是在高濃度鹽分的情況之下也不會發生脫水，因此能夠生存。

嗜鹽細菌蛋白又被稱為鐵氧化還原蛋白。美國生物學家梅納切姆．肖哈姆與以色列的幾位學者一起用 X 射線晶體學的原理找出了「盒狀嗜鹽細菌」分子的結構，原來這種特殊的蛋白是咖啡杯狀的，「柄」上有帶負電的氨基酸結構，牠對一端帶正電、另一端帶負電的水分子有獨特的吸引力。所以從鹽分很高的死海海水中，牠也能奪走水分子，使得蛋白質依舊逗留在溶液之中，這樣，死海中有生物存在也就不是那麼神祕莫測了。

### 延伸閱讀 —— 死海神奇的功效

死海中雖無動植物，但是對我們人類的照顧卻很大，因為它讓不會游泳的人也能在海中「游泳」。任何人進入死海都會被水的浮力托起，因為裡面水的比重是1.17到1.227，遠遠超過了人體水比重（1.02～1.097），所以，人是不會沉下去的。

死海的海水不僅含有高濃度的鹽，還含有各式各樣的礦物質。常在裡面浸泡，人們可治療關節炎和其他慢性疾病。因此死海每年都能吸引成千上萬的遊客。

死海海底的黑泥中含有豐富的礦物質，因此也成為市場上搶手的護膚美容品。以色列在海邊開的美容療養院達到幾十家，他們的療養者身上塗滿黑泥，只有兩隻眼睛和嘴唇露在外面。從希律王時期開始，死海算得上是世界上最早的療養聖地，裡面的礦物質具有一定安撫鎮痛的作用。

## 尼亞加拉瀑布

尼亞加拉瀑布在加拿大與美國交界的尼亞加拉河的中段，屬於世界七大奇景之一。該瀑布和非洲的維多利亞瀑布以及南美的伊瓜蘇瀑布合稱為世界三大瀑布。

尼亞加拉瀑布以宏偉氣勢和豐沛浩瀚水氣震撼世人。它是尼亞加拉河跌入河谷斷層而形成的，河床絕壁上的山羊島將瀑布分成加拿大瀑布和美國瀑布兩部分，加拿大瀑布較為雄偉壯觀，它高56公尺，岸長約675公尺，浩瀚之水從50多公尺高處猛衝而下，轟鳴聲震耳欲聾，如同雷霆萬鈞。瀑布所濺起的浪花、水氣可達100多公尺高，陽光好時就會營造出一座七色的彩虹。在美國境內，美國瀑布是小瀑布，占水量的6%，河水為藍色，瀑布有323公尺寬，落差為52公尺。

## 尼亞加拉瀑布是怎樣形成的

尼亞加拉瀑布的形成原因是它特別的地質構造。尼亞加拉的峽谷中，岩石層是堅硬的大理石所構成的，下面是容易被水力所侵蝕的鬆軟地質層。之所以激流能從瀑布頂的懸崖邊緣飛瀉直下，是因為鬆軟地層上堅硬的大理石地質層在起作用。更新世時期，大陸冰河發生後退，大理石層就暴露了出來，伊利湖流來的洪流將之淹沒，如今的尼亞加拉大瀑布就形成了。經推算冰河後退速度，尼亞加拉瀑布應該形成於至少 7,000 年前，最早可能是在 2 萬 5 千年前。

「尼亞加拉瀑布」也稱為「拉格科瀑布」或是「尼加拉瓜瀑布」。「尼亞加拉」是印第安語，意思是「雷神之水」。因為印第安人認為瀑布的轟鳴聲是雷神的說話聲。在他們見到瀑布以前就聽到過像持續打雷的聲音，所以他們把它稱為「Onguiaahra」就是「巨大的水雷」的意思。

尼亞加拉瀑布和尼亞加拉峽谷的形成也是有地質條件的，頁岩不斷被水沖刷，1842 ～ 1905 年間，瀑布每年平均向上移動 170 公分。為保護該瀑布，美加兩國政府曾經耗費鉅資修建過一些控制工程，讓瀑布對岩石的侵蝕減少一些。

## 加拿大瀑布與美國瀑布

有人說尼亞加拉瀑布其實並非一個瀑布，而是由「加拿大瀑布」和「美國瀑布」兩個瀑布組成的。而美國人卻認為它是由「馬蹄瀑布」（又叫「加拿大瀑布」形狀像馬蹄）、「美國瀑布」和「新娘面紗瀑布」三個瀑布所組成。「新娘面紗瀑布」在「美國瀑布」的旁邊，雖然只是細細一縷，卻也自成一支，所以美國人「宣告」它是「獨立」的。尼亞加拉瀑布流面寬達 1,160 公尺，雖被分為三股，但是都是同一水源且有尼亞加拉河這一樣的歸宿。美國瀑布處於美國的紐約州，瀑布高 50 公尺，岸長 305 公尺，在它的旁邊有魯納島，水流被它一分為二，形出了一條 80 公尺寬、落差為 50 公尺的小瀑布。因為水流較小，飛落化霧，就像帶著面紗的新娘，所以有「新娘面紗瀑布」的美稱。與旁邊壯觀的美國瀑布比起來，它別具一格，另有一番滋味，柔和之美令人陶醉。因此，尼亞加拉瀑布還是情侶幽會以及新婚夫婦度蜜月的好地方。

最大的瀑布在加拿大這邊，稱為加拿大瀑布，也稱為馬蹄瀑布，在加拿大安大略省，高 56 公尺，岸長約有 675 公尺。因為水量大，馬蹄瀑布濺起的浪花、水氣有時可高達到 100 多公尺高，稍微靠近，人們就會被濺得全身是水。如果有大風，水花可就像下下雨一樣。冬天，瀑布的表面也會結一層很薄的冰，那時，瀑布就會安靜了。陽光燦爛之時，會產生折射的效果，營造出一座或是好幾座彩虹橋。

美國瀑布讓人著迷的美景激流沖擊瀑布之下的岩石。岩石層層疊疊地堆積，相互交錯，激流猛衝而下，沖進了岩石的縫隙，然後紛紛從縫隙中竄湧到外面，再跌進下層的岩石裡，再從下面的岩石間噴發出來，縱身躍進滾滾湧流。

雖然這兩個瀑布分別加拿大和美國，但二者都面向加拿大。若要一睹瀑布真面目，還是要到加拿大，或是坐船到瀑布下的尼亞加拉河。那段沖向美國瀑布的尼亞加拉河是美、加兩國所共分享的，河上有一座彩虹橋，橋也是根據河內的邊界劃分的，一端是加拿大的，令一端是美國的。遊客在橋的分界處，雙腳各踏一邊，可說是同時踏在兩國的國土上。

### 延伸閱讀 —— 尼亞加拉瀑布的「山羊島」

山羊島和魯納島這兩個島嶼將尼亞加拉瀑布分成三段，它們如同兩尊中流砥柱，把瀑布一分成三，島上樹木茂密，景色優雅。傳說中印第安人將山羊島當成聖地，將已故的首領安葬在那裡，以求能進入天堂，還把它稱為「快活島」。

等歐洲殖民者入侵，「快活島」也就難逃厄運了，墓地被盜，印第安人遭到殺戮，只剩下一群山羊留在這裡。嚴冬到來，一大群山羊凍死了，只有一隻公羊活到來年的春天。因此這個島就改叫「山羊島」了。

# 尼羅河

尼羅河是世界上的第一長河，是非洲主河流之父，在非洲的東北部，還是一條國際性河流。

尼羅河發源於蒲隆地高地（在赤道南的東非高原上），主流先後經過蒲隆地、盧安達、坦尚尼亞、烏干達、蘇丹、埃及等，最後注進地中海。從卡蓋拉河的源頭到入海口，主流全長達 6,670 公里，是世界上流程最長的。支流還經過肯亞、衣索比亞、剛果、厄利垂亞等國，流域面積約有 287 萬平方公里，占了非洲大陸總面積的 10%。入海口處的年均流量達到 810 億立方公尺。

## 尼羅河與古埃及

「尼羅河」一詞最早出現於2,000多年前，關於它的來源有兩種說法：一是來源於拉丁語「尼祿」，是「不可能」的意思。尼羅河中、下游很早就有人居住了，但因為有瀑布阻隔，中、下游地區的人以為了解河的源頭是不可能的；二是認為「尼羅河」這個詞是從古埃及法老尼祿斯的名字演出來的。

尼羅河是由卡蓋拉河、白尼羅河和青尼羅河匯流而成的，其下游的三角洲是人類文明最早發源地之一，古埃及就誕生在這裡。到現在為止，埃及 96% 的人口以及大部分的工、農業生產都集中在這裡。因此它被視作埃及生命線。幾千年以來，尼羅河每年 6 ～ 10 月河水就會氾濫。8 月分，河水上漲到最高，河岸兩旁田野也會被淹沒，人們不得不遷到高處去暫住。10 月後，洪水消退，尼羅河土壤因此更加豐沛。人們又開始栽培棉花、小麥、水稻、椰棗等，一條「綠色走廊」就在乾旱的沙漠上形成了，5,000 年的文明古國 —— 埃及，也就在這裡創造出輝煌的文化，因此，埃及流傳著「埃及就是尼羅河，尼羅河就是埃及的母親」的諺語。尼羅河的確是埃及人民的生命泉源，她帶給人民大量的財富，締造了那裡的文明。在河的沿岸有 70 多座大大小小的金字塔，就像一篇篇浩繁的「史書」，這裡還蘊藏著人類文明的奧祕。6,700 多公里的尼羅河創造了金字塔，創造了古埃及，也創造了人類的奇蹟。

## 尼羅河的水系組成

尼羅河非常古老，約 6,500 萬年前的始新世它就開始存在了，河道曾經發生過多次改變。更新世，在朱巴與卡土穆之間的是一個大湖，湖水是由當時的青、白尼羅河進行補給。後來，湖水高出了盆地的兩邊，經過卡土穆背面的峽谷，向北沿古尼羅河流進地中海，現在的尼羅河水系就是這樣形成的。

尼羅河源於蒲隆地的魯武武河，與尼亞瓦龍古河匯流後稱卡蓋拉河，流經盧安達、坦尚尼亞與烏干達的邊界地區，注入維多利亞湖。自維多利亞湖北端流出後，稱維多利亞尼羅河，入尼羅河流域水系，不久流入基奧加湖。又向西經流注入亞伯特湖。出亞伯特湖之後，又向北流進入亞伯特尼羅河，接著由右岸匯進阿帕蓋爾河，經過尼穆萊峽谷後，就進入了蘇丹平原。自從尼穆萊起，河流的名字改為了白尼羅河，尼穆萊到馬拉卡勒河段又稱為傑貝勒河。朱巴以下的 900 公里河段流經蘇德沼澤區，之後從右岸吸收了索巴特河，河流的流量突增。之後，一直到卡土穆河流，兩岸多半是荒漠。在卡土穆，青尼羅河匯入，之後的河段又稱為尼羅河。

尼羅河主要支流有阿丘瓦河、加札爾河、索巴特河、青尼羅河和阿特巴拉河等，全部水量中 60% 來自青尼羅河，32% 來自白尼羅河，剩下 8% 則是來自阿特巴拉河的。但是，洪水期和枯水期的變化是很大的。洪水期，青尼羅河能占到 68%，白尼羅河占了 10%，阿特巴拉河則占 22%；枯水期，青尼羅河的比重下降到 17%，白尼羅河則上升為 83%，阿特巴拉河斷流了。

## 尼羅河的主要支流

在尼羅河支流中，白尼羅河和青尼羅河是人們最熟悉的，二者一條婉約、一條奔放，人們長用「情人」來形容它們。白尼羅河順著東非高原的側坡往北流，河谷又窄又深，急灘瀑布較多。從博爾往北，白尼羅河流進了平淺的沼澤盆地，水流叫緩，河中有大量水生植物。白尼羅河向北流出盆地之後，先後與索巴特河、青尼羅河、阿特巴拉河匯合，之後就沒有其他支流了。

約 1,700 公里的青尼羅河是尼羅河的最大支流，流域面積約 32.5 萬平方公里，該支流源自衣索比亞高原戈賈姆高地，向北注進了塔納湖。它是從塔納湖南端流出的，後到達蘇丹邊界被稱為阿巴依河。沿途瀑布急流很多，提斯埃薩特瀑布是裡面最著名的，在塔納湖南岸的巴哈爾達爾下游約

30 公里處，落水的高差有 45.8 公尺。在該瀑布上面約 3 處，還有落差約 6 公尺的阿臘法米瀑布。由於流勢湍急，這一河段消失的水量不是很大。

卡蓋拉河在非洲東部，源自蒲隆地西南，是魯武武河與尼亞瓦龍古河匯流而成的。經過坦尚尼亞、盧安達和烏干達後進入維多利亞湖，全長達 400 公里，上游經過山地，有魯蘇莫瀑布。下游的水流較平穩，水量也很豐富，有船隻通航。在流入維多利亞湖的諸河中，它是最長的，通常人們認為它是尼羅河的上源。

加札爾河，是由從蘇丹西南部高原發源的耶伊河、朱爾河和洛爾河等組成，從左岸匯入傑貝勒河。加札爾河湖沼澤面積較大，但每年注入尼羅河的水量卻很少。

索巴特河向西北流，在馬拉卡勒南面匯進白尼羅河，屬於白尼羅河的右岸支流，是由巴羅河和皮博爾河匯流而成的，河水的最大流量出現在 11 月。

尼羅河的最後 —— 條支流是阿特巴拉河，發源於塔納湖背面的貢德爾，長達 1,120 公里，主要支流是特克澤河。接納特克澤河後，阿特巴拉河進入了蘇丹黏土平原，流經 500 公里後，在阿特巴拉匯進尼羅河。

**延伸閱讀 —— 尼羅河三角洲**

尼羅河主流到埃及北部之後，在開羅附近散開，匯進地中海，尼羅河三角洲就形成了。開羅是它的頂點，往西到亞歷山大港，往東到塞德港，海岸線綿延有 230 公里之長，面積達 2.5 萬平方公里，是最大三角洲之一。尼羅河三角洲的土地很肥沃，所以人口較密集，古埃及文明就集中在這裡。

尼羅河三角洲如同一枝蓮花從谷地伸展出來，人們稱為「尼羅河之花」。蓮花是上埃及的標誌，秋季，連河面會都被蓮花映紅。紙莎草則是下埃及的標誌，它是古埃及人用來製作莎草紙的重要原料。古埃及人想像中的兩位河神 —— Hap-Reset（上埃及）、Hap-Meht（下埃及），分別戴著蓮花和紙莎草。而上、下埃及的尼羅河神 —— Hapi 手裡同時拿著蓮花和紙莎草。

尼羅河三角洲孕育出燦爛的 7,000 年埃及文明。西元前 5000 年，埃及地區豐茂的草原被日漸乾旱的氣候炙烤，慢慢地，草場被沙漠所取代，於是游牧部落不得不在尼羅河沿岸聚居。他們就定居下來，在這裡捕漁耕作。在金字塔前，豐饒的尼羅河三角洲是埃及人最引以為榮的。

## 維多利亞瀑布

尚比亞與辛巴威接壤區的維多利亞瀑布在尚比西河上游與中游交界處，它是非洲的最大瀑布，在世界上，它也是最大、最美麗、最壯觀的瀑布之一。瀑布奔騰至玄武岩峽谷，遠隔 20 公里以外，就能看到水霧形成的彩虹。

尚比亞人稱維多利亞瀑布為「Mosi-oa-tunra（音譯為莫西奧圖尼亞或莫西瓦圖尼亞）」，辛巴威人稱它「曼古昂冬尼亞」，兩者都是「聲若雷鳴的雨霧」或「轟轟作響的煙霧」的意思。世界上如此壯觀、令人生畏的地方是很少的。科魯魯人曾經居住在維多利亞瀑布的附近，他們很害怕這條瀑布，從來不敢走近。鄰近的湯加族也將它視作神物，將彩虹看成是神的化身，他們甚至在那裡舉行儀式，殺黑牛來祭神。

曾經有一個關於大瀑布的動人傳說：瀑布深潭下每天會有一群美麗的女孩，她們日夜不停地敲著金鼓，咚咚的響聲就成了瀑布的轟鳴；女

孩們穿的五彩衣裳的光芒，反射到天上，太陽將之變為了七色彩虹；女孩們舞蹈，千姿百態的水花被濺起來，漫天的雲霧就形成了，這樣的景色多麼美妙，真令人神往啊！

## 瀑布是怎樣形成的

之所以會形成維多利亞瀑布，是因為有深邃的岩石斷裂谷（1 億 5 千萬年前的地殼運動所造成的），將尚比西河橫切，在河流跌落處的對面也是一道懸崖，兩者相隔僅僅 75 公尺。兩道懸崖間的是狹窄峽谷，於是水在這裡形成了「沸騰鍋」巨大旋渦，然後，沿著 72 公里長的峽谷流了出去。

維多利亞瀑布實際上分東瀑布、虹瀑布（最深）、魔鬼瀑布、馬蹄瀑布（新月形）和主瀑布 5 段。1855 年，既是傳教士也是探險家的大衛・李文斯頓（David Livingstone）成了首位到維多利亞瀑布的歐洲人。

尚比西河（非洲第四大河）流經這裡，在寬約 1,800 公尺的峭壁之上，它驟然翻身，萬頃的銀濤跌入約 110 公尺深的峽谷，千堆雪、萬重霧被捲起，雪浪騰翻，層層的白色水霧被濺起，萬雷轟鳴，巨響可遠及 15 公里，水氣騰空達 300 餘公尺，若是雨季，水沫會凝成急雨，人們站在這裡幾分鐘，就可能渾身溼透。

## 維多利亞瀑布的 5 段

維多利亞瀑布帶長 97 公里，是「之」字形的峽谷，落差達 106 公尺。整個瀑布被利文斯頓島等 4 個岩島分成了 5 段，流量、落差的不同，它們的名字也不同，分別稱為「東瀑布」、「主瀑布」、「魔鬼瀑布」、「馬蹄瀑布」、「彩虹瀑布」。

位於最西邊的是「魔鬼瀑布」，也是最為氣勢磅礡的瀑布，以排山倒海之勢直落深淵，轟鳴聲震耳欲聾，強烈的威懾力使人不敢靠近。

在中間的是「主瀑布」，高達 122 公尺，寬約有 1,800 公尺，落差約是 93 公尺，是流量最大的，在它的中間還有一條縫隙。

「馬蹄瀑布」在東側，是因為被岩石遮擋，呈現馬蹄狀而得名。

「彩虹瀑布」在馬蹄瀑布東邊，如同巨簾，水點折射陽光，出現彩虹，正因為能夠時常看到七色彩虹，人們才給它起了這個名字。彩虹在遠隔 20 公里就能看得到，彩虹在水花中閃爍，月色明亮之夜，奇異的月虹更是迷人。

「東瀑布」是最東的一段，該瀑布在旱季時往往是陡崖峭壁，雨季才成為掛滿千萬條素練般的瀑布。

這 5 條瀑布飛流直下，都瀉入寬 400 公尺的深潭，就像一幅垂入深淵的巨大窗簾。瀑布群所形成的幾百公尺高的柱狀飛霧、聲浪飄送到 10 公里之外的地方，數十里外，都能聽到水霧不斷升騰，難怪人們稱它為「沸騰鍋」，這種景色真是人間一絕。

維多利亞瀑布因形狀、規模和聲音聞名於世。瀑布附近的「雨林」又為瀑布增添了幾分姿色。「雨林」是與瀑布相對的峭壁上的一片長年青翠的樹林，瀑布的水氣形成了潮溼小氣候，樹木長得很茂盛。「雨林」好像每天都置身於雨霧中，即使是晴天，也沒有例外。

**延伸閱讀 ── 「魔鬼池」**

維多利亞瀑布也被人們稱為「魔鬼池」。之所以得名「魔鬼池」，是因為它地處 110 公尺高的維多利亞瀑布頂部。瀑布的水是來自尚比西河的，河水充盈時，每秒的流水量高達 7,500 立方

公尺，河水洶湧、沖向懸崖，水花飛濺的維多利亞瀑布就這樣形成了，在 40 公里外的人也能看到像雲一樣的水霧。

「魔鬼池」是天然的岩石水池。據說，曾居住在瀑布附近的科魯魯人從不敢走近它。也正因瀑布的凶險，世界各地的勇敢者才會被吸引來。每年 9 ～ 10 月旱季時，水池的水量較少，也比較平靜一點，不會順著岩壁流下，而 3 ～ 5 月的洪水季，水流量比旱季高 14 倍。所以，這些勇敢者得趕在旱季，跳進池內去游泳。當碧藍色的池水靜止時，沒人覺得它是「魔鬼」，只有瀑布下游的浮屍一直在警告著人們。

## 烏尤尼鹽沼

鹽原，可以說屬於玻利維亞的標誌性景觀了。烏尤尼鹽沼位處高原之中，沙漠廣闊且近乎平坦，與天空渾然一體。在沙漠之中有幾個大湖，由於各種礦物質的作用，湖水呈現出奇特的顏色。

4 萬多年以前，這片地區曾是史前巨湖—明清湖的一部分。然而此後由於種種原因，湖水乾涸，只剩下了兩個大鹹水湖：普波湖與烏魯烏魯湖，以及兩大鹽沙漠，即烏尤尼鹽原與科伊帕薩鹽原，其中前者較大。從面積上看，烏尤尼鹽原是美國博納維爾鹽灘的 25 倍之多。

### 世界第一鹹水湖的稱號

烏尤尼鹽沼位於南美國家玻利維亞西南部的高原地區，東西長約 250 公里，南北最寬處可達 150 公里，總面積約 1.2 萬平方公里，是世界上最大的鹹水湖。據考證，在數百萬年前，這裡曾是一片汪洋大海，然而隨著地殼的不斷上升，海水逐漸退去，才留下一個個湖泊。

烏尤尼鹽沼無愧於「世界第一大鹹水湖」的稱號，據勘測，這裡的鹽層很多地方都超過了 10 公尺厚，總儲量約 650 億噸，夠全世界人吃上幾千年。而當地人更是因此沾了不少光，吃鹽是完全不用花錢的。

玻利維亞地處南半球，全年可分為旱季和雨季兩個季節。每年的 12 月至來年的 3 月，屬於雨季期間，烏尤尼就變成了一個巨大的鹹水湖，水深 0.3 ～ 0.8 公尺。到了 4 月至 11 月的旱季，湖水就會乾涸，湖面就會變得堅硬無比。

## 鹹水湖中的「蓋鹽旅館」

當地的烏尤尼人為了吸引更多的遊客前來遊覽觀光，曾在湖中就地取材蓋了一座鹽巴旅館。但後來由於擔心汙染環境，旅館停業了，原有的建築也被改作鹽博物館供參觀。

為了滿足遊客的好奇心理，當地人還陸續在鹹水湖的旁邊蓋了一座座的「鹽房」。利用旱季湖面結成的堅硬鹽層，當地人還把她們加工成一塊塊厚厚的「鹽磚」，並用秸稈和泥砌成牆，再用木板和秸稈做屋頂。通常來說，4、5 個當地人花 2 ～ 3 星期的時間就可以蓋起來一座鹽房了。

鹽房除了有屋頂和門窗外，牆壁和裡面的擺設，包括房內的床、座椅等傢俱等，都是用鹽塊製作而成的。而屋頂和門窗使用其他材料，主要為了防止被雨水浸泡，以此防止鹽房被融化倒塌。

這種專門用來招待遊客的鹽房通常都不會太大，一般也就幾個房間。這些房間就像普通飯店裡的標準間一樣，裡面放著兩張鹽床。在這裡住宿，通常都是按床收費的，每晚每床 10 ～ 15 美元不等。由於這裡地勢高，因此當地的晝夜溫差很大，白天氣溫接近 20℃，而夜間的氣溫卻可以降至 -20℃。旅館裡可沒有暖氣，因此為了防寒，這裡的床上全都鋪著厚厚的駝羊皮。夜裡躺在上面睡覺時，再蓋上一層厚厚的駝羊皮毯，才不會半夜被凍醒。

到這裡遊覽的人一般都會很好奇，總試圖想舔舔牆壁或傢俱上是不是真的有鹽的味道，甚至有吃飯時要將鹽桌敲下來一小塊加在菜裡的念頭。不過這裡的鹽房都規定，「不許舔牆和傢俱」。事實上，這些餐桌和座椅都堅硬得像石頭，就算真的想弄點粉末下來也不是件容易的事。

## 當地的鹹水湖開發

除了旅遊業，採鹽也是當地人的另一項收入。當地人們先將鹹水湖中的鹽堆起來，然後再用卡車把這些鹽拉到自家的空地上清洗、晾乾，最後把這種經過簡單加工過的鹽裝入塑膠袋賣給一家專門收鹽的美國公司。

總體來說，烏尤尼鹽沼還是處於一種「養在深閨人未識」的狀態。如果玻利維亞政府能在鹹水湖附近建化肥廠，開採各種礦藏，那麼就能讓鹹水湖充分體現其聚寶盆的價值了。

### 延伸閱讀 —— 鹹水湖

鹽沼屬於鹹水湖的一種，是乾旱地區含鹽度（以氯化物為主）很高的湖泊。通常來說，淡水湖的礦化度每公升小於 1 克，鹹水湖礦化度每公升 1 ～ 35 克，而當礦化度每公升大於 35 克時，那就屬於鹹水湖了。

鹹水湖是湖泊發展到老年期的產物，它富藏多種鹽類，也是重要的礦產資源。

鹹水湖的分類很多，依據湖水主要水化學成分，可分為碳酸鹽型、硫酸鹽型，也有氯化物型鹹水湖。按鹽類礦產種類劃分，分為石鹹水湖、芒硝湖和天然鹼湖，也有石膏湖、鉀鎂鹹水湖、硼湖、鋰湖，以及世界罕見的硝酸（鉀）鹹水湖。按鹹水湖滷水狀態分，有滷水湖、乾鹹水湖和沙下湖。按鹹水湖的主要鹽類沉積礦物，又可分為石鹹水湖、芒硝湖、鹼湖、硼酸鹽鹹水湖和鉀鎂鹽鹹水湖。按鹹水湖滷水化學成分又可分為碳酸鹽類型、硫酸鹽類型（包括亞硫酸鈉和亞硫酸鎂）和氯化物類型。

## 亞馬遜河

亞馬遜河是從祕魯的安地斯山區發源的，橫穿南美洲的北部，全長達 6,400 公里，是世界第二長河，卻是世界上流域面積最廣也是流量最大的河流。它有 15,000 萬多條支流，經過巴西、哥倫比亞、祕魯、玻利維亞、厄瓜多、委內瑞拉、蓋亞那等國家的全部或者部分的領土，形成罩在南美大陸上的巨大河網。流域面積達 705 萬平方公里，約占了南美洲陸地總面積的 2/5，是尼羅河的 2.5 倍，

因為流經的地方多是赤道雨林帶，所以亞馬遜河的流量非常大。而且它也是世界上通航最長的，主流從河口到伊基托斯長達 3,598 公里，整個流程 3,000 噸級的海輪都能通行。美國地理學會考察隊在 1969 年從祕魯的聖法蘭西斯科順流而下，一直到巴西的貝倫，航程總長 6,187 公里，這是任何河流都達不到的。

亞馬遜河有兩支河源：一是馬拉尼翁河（通常認為它是正源），發源自祕魯境內安地斯山高山區；另一支是烏卡亞利河，源頭叫作阿普裡馬克河。馬拉尼翁河和烏卡亞利河穿過崇山峻嶺後，在祕魯瑙塔周圍進行匯合。

亞馬遜河流域並非是個無垠的沼澤，雖有大片低地，年年發生氾濫，但大部分是丘陵起伏的「永久性陸地」，遠遠高出洪水水位。流域內有著茂密的熱帶雨林，是地球上最大的生物資源寶庫。

## 亞馬遜河的地理特徵

亞馬遜河源自祕魯南部南美洲安地斯山的中段，柯洛普納山東側的米斯米雪峰，正源烏卡利亞河接納雪峰上的冰水，然後一路向東，沿途又接納了 1,000 多條支流，進入到亞馬遜平原。

亞馬遜河的上游長約 2,500 公里，分上、下兩段。上段約 1,000 公里長，落差有 5,000 公尺，山高很谷深，坡很陡，水流湍急，形成急流瀑布；下段是兩條巨大支流，亞馬遜河與支流的兩個河口之間的河段因進入平原，流速較緩慢，曲流較為發達，一直到末端，河寬約 2,000 公尺。

亞馬遜河的中游經過祕魯、哥倫比亞、巴西等，全長為 2,200 公里。巴西北部的亞馬遜河水深達 45 公尺，河寬約為 3,000 公尺，流速較緩慢；河中島洲交錯，河道網狀分布，兩岸河灘寬度在 30 ～ 100 公里之間，地勢較低下，排水不暢通；河流兩側的支流眾多，都源自安地斯山的東坡，羽狀分布。到中游的末端，河寬達 11 公里，河深達 99 公尺。

河道的下游長達 1,600 公里，有地方水深河寬，兩岸的階地很分明，地勢較低平，河灘上水網如織，湖泊密集；而有些地方則水流急促。入海時，河口寬達 330 公里，大西洋的海潮溯河直上，最遠達 1,600 公里。

## 著名的亞馬遜雨林

在安地斯山以東，就是著名的亞馬遜熱帶雨林了。雨林由東面的大西洋沿岸一直延伸到低地與安地斯山脈的山麓丘陵相接處，形成一條林帶，逐漸拓寬至 1,900 公里。雨林異常寬廣，而且連綿不斷，反映出該地氣候特點：多雨、潮溼及普遍高溫。

亞馬遜熱帶雨林是世界上最大的雨林，蘊藏著世上最豐富多樣的生物資源，昆蟲、植物、鳥類及其他生物種類達數百萬種之多，全世界鳥類總數的 1/5 在此生活著。有專家估計，平均每平方公里內大約就有超過 7.5

萬種的樹木，15萬種高等植物，還包括有9萬噸的植物生物量，其中許多在科學上至今都尚無記載。

亞馬遜雨林的植物種類之多居全球首位。不少大樹高達60多公尺，能夠遮天蔽日，所以旱地森林的地面光禿禿，就有一層腐爛的枝葉；而澇地森林的情況恰恰相反，灌木和喬木有板狀的基根，幫助其維持生命。樹冠從高到低分層，充滿了生機。在繁茂的植物中，還有各類樹種，包括香桃木、月桂類、棕櫚、金合歡、黃檀木、巴西果及橡膠樹，桃花心木與亞馬遜雪松可作優質木材。裡面還有蝙蝠、蜂鳥、猴、樹懶、金剛鸚鵡、巨大蝴蝶等棲息。此外，雨林中還生活著貘、紅鹿、海牛、水豚、美洲虎和齧齒動物等。

**延伸閱讀 —— 世界上最大的蛇**

亞馬遜森蚺是世界上最大也是最重的蛇，最長的有10公尺，有270公斤以上，就像成年男子的軀幹那樣粗，但是，一般的森蚺長度在5.5公尺以下。

森蚺喜水，常棲息在泥岸和淺水中，以水鳥、貘、龜、水豚等為食，有時還能吞吃長2.5公尺的凱門鱷。牠們會緊緊纏住凱門鱷，直到牠窒息，再將牠整條吞下去，這樣牠們就可以幾個星期不用再進食了。

森蚺大多在夜間活動，但大白天它們也會出來晒太陽。成年森蚺是非常可怕的獵食動物，但是，幼蚺出生時還不到76公分長，是胎生，有時一胎多達70條。許多幼蚺會被凱門鱷吃掉，但是倖存的長大之後，就會反過來將凱門鱷吃掉。

# 蓋錫爾與斯特羅柯間歇泉

在冰島首都雷克雅維克周圍的平原上有一處著名的噴泉區，那裡有奇特的蓋錫爾間歇泉和斯特羅柯間歇泉。這個噴泉區約有 50 個間歇泉，它們冒出燙手的泉水，這使得周圍熱氣如煙霧般瀰漫。1294 年，這裡曾發生過一場地震，地震中有好幾個間歇泉被摧毀，但不久之後就出現了兩個新的間歇泉，就是蓋錫爾間歇泉與斯特羅柯間歇泉。

兩個間歇泉中蓋錫爾間歇泉頗為有名，因為它的最高噴水高度是冰島所有噴泉和間歇噴泉中最高的，它也因此成為世界著名的間歇泉。在它噴發前，沸騰的水噴出而形成碗狀，其中間的水柱有時候會變成蒸氣沖上空中約 20 公尺處。

## 間歇泉的成因

岩漿接近地面處，熾熱的岩石會把水烤熱。這時如果水能自由洩流，接著它將像溫泉或泥塘一樣來到地面；如果水被封在岩石中的天然管道內，它很快就會變熱，且部分水在巨大的壓力下會變成蒸氣。當蒸氣的壓力逐漸積聚增強時，一股巨大的水和蒸氣流便從地面噴射而出，這就形成了間歇泉。

間歇泉的形成還要求地表下的裂隙粗細不均，使底部的水在溫度增高時，只能發生局部對流作用。也就是說，當溫度升高到一定程度時水的膨脹力就會超過上部水的壓力，底部的水便化為蒸氣帶動上部水噴發出來。在蒸氣排出後，隨著溫度和壓力降低，噴發即停止。之後停止一段時間後，當溫度又升到一定程度，水會再次噴發。在這個過程中，水的加熱和蒸氣的製造一直在進行，所以間歇泉就會出現間歇的現象。

## 蓋錫爾間歇泉

蓋錫爾間歇泉地處首都雷克雅維克東北大約 100 公尺的地方。它是一個直徑約 18 公尺的圓形水池，水池中央有一個泉眼，是直徑為 2.5 公尺的「洞穴」，深度大約為 23 公尺，裡面的水溫估計高達攝氏 100° C 以上。

蓋錫爾間歇泉每次噴發的時候，總是先隆隆作響，而且響聲會越來越大，這時候沸水不斷地上湧直至最後沖出「洞穴」，噴向高空。上噴的水柱高 70 ～ 80 公尺，旋即化作瓊珠碎玉，從高空呼嘯而下。這個間歇泉每次噴發過程持續約 5 ～ 10 分鐘，反覆不息，景觀十分壯麗。

蓋錫爾間歇泉在近年來的噴水高度有所下降，間歇時間也開始變得不規則，從十多分鐘至一兩分鐘不等。因為這個間歇泉非常有名，所以自 1647 年起，人們就用它的名字作為所有間歇泉的通稱。

間歇泉很有實用性，噴泉熱水可當成熱源為家庭供暖或培育瓜果蔬菜。因為其熱量巨大，現在大溫泉區的許多溫室都能夠培植溫帶花草樹木，甚至是熱帶的香蕉。

## 斯特羅柯間歇泉

斯特羅柯間歇泉比蓋錫爾間歇泉小，地處冰島西南部，首都雷克雅維克以東約 80 公里處。斯特羅柯間歇泉每小時噴射幾次，每次持續過程約 4 ～ 10 分鐘。當噴射時，滾燙的水透過直徑約 3 公尺的水塘裡的一個洞口湧出，呈現出一藍綠色水穹。然後，伴隨著一陣轟鳴聲，氣泡猛翻，然後一股沸水柱突然沖向 22 公尺以上的高空，瞬間蒸氣瀰漫，間歇泉本身發出「嘶嘶」的聲音。噴水逐漸平息下來，直到下一次噴發。

最早引起人們注意是斯特羅柯間歇泉附近的，一個叫斯托裡間歇泉。它在過去曾經非常活躍，現在似乎已經平靜下來，偶爾才會噴水。

**延伸閱讀 —— 雷克雅維克**

雷克雅維克是冰島的首都，其名字的意思是「冒煙的城市」，這個名字源自古代的傳說，那時候人們把溫泉裡蒸騰的水氣誤認為煙霧，於是就把這個地方稱為「冒煙的城市」。

雷克雅維克西面濱海，它的北面和東面都有高山環繞。這個地方有一種奇異的景觀，即每當朝陽初升或夕陽西下，周圍的山峰會呈現嬌豔紫色，這時候海水也會變成深藍色。冬天的時候，在城市周圍的山巔上覆蓋著皎潔的積雪，配合城市的房屋多塗成紅紅綠綠的顏色，景色十分秀美。

該城市受大西洋暖流影響，因此氣候比較溫和。7 月平均溫度為 11℃，1 月為 -1℃。該城市地熱蘊藏豐富，溫泉繁多，市內鋪設了長達 595 公里的熱水管道。它們為全市居民提供熱水和熱源。由於該城市基礎設施完善而且地熱資源豐富，以致透過熱水管道送到使用者的熱水溫度還在 90℃以上。

雷克雅維克由於有豐富的地熱資源，很少用煤，無煤煙燻擾，也就有了「無煙城市」之稱。

## 澳洲沙克灣

澳洲大陸的最西端，西部城市伯斯以北 800 公里，有一個著名的海灣—沙克灣。這裡西臨印度洋，向北抵達卡那封鎮，向西延伸至鏈伯恩島、多爾島和德克哈托格島，面積大約 2.2 萬平方公里。

沙克灣的意思為「鯊魚灣」，在這裡活動著世界上最大的魚類—鯨鯊。1991 年聯合國教科文組織將沙克灣列入《世界自然遺產名錄》。

## 沙克灣的動植物

沙克灣處於一個被海島和陸地包圍的環境中，這裡擁有其他自然景觀不可比擬的特點。它坐落在澳洲西海岸前緣，擁有世界上最大的和最豐富的海洋植物標本，並擁有世界上數量最多的儒艮和疊層石。與此同時，沙克灣還擁有 5 種瀕危的哺乳類動物。

沙克灣的海灣、水港和小島孕育著一個龐大的水生生物世界，在這個地區十分常見的水生生物有海龜、鯨、對蝦、扇貝、海蛇和鯊魚等。鯨鯊不同於其他的鯊魚，牠們有漂亮的脊鰭，而且性情溫和。與這一性情不相稱的是牠們體形巨大，長度一般超過 20 公尺，而蜉游生物是他們的主要食物。

這裡形成了一個很獨特的生態群落，包括大量的珊瑚礁、海綿，還有其他一些無脊椎動物和副熱帶魚類。海灘上活躍著各式各樣的掘穴類的軟體動物、寄居蟹等，在這個生態系統的最底層是最為基礎的海草。

這一地區有面巨大的、種類複雜的海草，約有 12 種，形成了一片很廣闊的海草平原。這樣的情況在其他的地理區域是很少見到的，如在歐洲的很多地方都只有一種水草。海洋公園和在科學上具有重要意義的海草平原形成了沙克灣這一世界自然遺產的重要組成部分。沙克灣內有許多跳水、潛水運動的場所，大多位於淺水區域。

澳洲的海龜一般都是食肉的。在沙克灣水域的海龜很常見，幾乎一年四季都可以看到，但他們基本上都是單獨出現。大約從每年的 7 月底開始，海龜們會大規模的聚集，可能是正在為繁殖季節的到來做準備。一般說來，海龜和儒艮是很多人喜歡的美食，特別是這兩種動物產地的居民最愛食用。然而，在這一區域這兩種動物的生存似乎沒有遭到太多的影響。這裡的海洋公園裡，有一種野生的寬吻海豚，牠們經常游到海邊與人類密切接觸，並接受人們提供的食物。

沙克灣附近有一個佩倫半島，在這個島上生活著一種體型較大的鼠類，牠們身上有黑色或者褐色的斑點，而且被密密麻麻而又厚實的毛覆蓋著，樣子十分奇特。據統計這類動物只有少量生存著。

## 珊瑚群

珊瑚通常是水下很有觀賞價值的生物，在沙克灣的水域內有大量的珊瑚礁。這裡的珊瑚礁塊，直徑大約有 500 公尺左右，可以看到大量的珊瑚叢，其間生存著各式各樣的豐富的海洋生物，特別是淺紫色的海綿極為有名。珊瑚的色彩斑斕，有藍色，有紫色，有綠色，還有其他各種顏色，令人美不勝收。值得一提的是，這裡有一種很好看的藍色石鬆珊瑚，牠的生長群落就像一個龐大的花園一樣美麗。頭珊瑚和平板珊瑚在這裡也隨處可見。

### 延伸閱讀 ——「美人魚」

很多人應該知道關於「美人魚」的傳說，但美人魚其實是一種稱為儒艮的水中動物，屬於儒艮科。

儒艮的身體呈紡錘形，長約 3 公尺，體重 300 ～ 500 公斤。全身有稀疏的短細體毛，沒有明顯的頸部，頭部較小，上嘴唇似馬蹄形，吻端突出有剛毛，兩個近似圓形的呼吸孔並列於頭頂前端；無外耳廓，耳孔位於眼後。無背鰭，鰭肢為橢圓形。尾鰭寬大，左右兩側扁平對稱，後緣為叉形，無缺刻。鰭肢的下方有一對乳房。背部以深灰色為主，腹部稍淡。

儒艮的食物一般以海生草類為主，牠們的分布就與牠們所喜食的海草分布有關係，牠們一般多出沒於距海岸 20 公尺左右的海草叢裡，有時隨潮水進入河口，覓食後又隨退潮回到海中，很少游向外海。牠們通常兩、三頭聚在一起，在隱蔽條件良好的海草區底部生活，定期浮出水面呼吸，常被人看做是「美人魚」，於是也就給人們留下了很多美麗的傳說。儒艮曾遭到嚴重捕殺，現存的儒艮數量堪憂，亟待加強保護。

# 鳴沙山月牙泉

在中國甘肅省敦煌市城南大約 5 公里的地方，有一處被譽為「塞外風光之一絕」的地方，那裡擁有「山泉共處，沙水共生」的奇異景色，這就是被稱為「敦煌八景」之一的鳴沙山月牙泉。

這一景點中的鳴沙山和月牙泉相生相伴，人們常說「山以靈而故鳴，水以神而益秀」。參觀的人們通常會登山而望，逐泉而遊，無一不被這裡的景色所感染，產生「鳴沙山怡性，月牙泉洗心」的感觸。

## 鳴沙山怡性

鳴沙山的名字形象的展現了這一景觀的特色，即這裡的沙流動產生聲響。沙的響聲一般不是自己發出來的，而是由人行走沙面摩擦滑動而驚起的聲音，可說是自然現象中的一種奇觀，有人稱此為「天地間的奇響，自然中美妙的樂章。」

鳴沙山的名稱曾有所更改，在漢朝時，人們稱它為沙角山或神沙山，大約晉朝的時候才稱鳴沙山。鳴沙山的流沙獨具特色，沙的顏色多種，有紅色、黃色、綠色、白色、黑色等。該山東西長約 40 公里，南北寬約 20 公里。這裡沙丘呈隆起狀，一個連著一個，並且盤桓回環。遊人走過會留下腳印，第二天又恢復到本來的樣子。山上的最高峰海拔為 1,715 公尺，這樣的景觀在世界上是極為罕見的。

當人從山巔順陡立的沙坡下滑，流沙似金色群龍飛騰，鳴聲隨之而起，初如絲竹管絃，繼若鐘磬合鳴，進而金鼓齊響，轟鳴不絕於耳。自古以來，由於不明鳴沙的原因，產生過不少動人的傳說。相傳，這裡原本水草豐茂，有位漢代將軍率軍西征，一夜遭敵軍偷襲。正當兩軍廝殺難解難分之際，大風驟起，颳起漫天黃沙，把兩軍人馬全都埋入沙中，從此就有了鳴沙山。至今猶有沙鳴則是兩軍將士廝殺之聲的說法。據《沙州圖經》載：鳴沙山「流動無定，俄然深谷為陵，高岩為谷，峰危似削，孤煙如畫，夕疑無地。」這段文字描述了鳴沙山形狀多變，是由流沙造成的。鳴沙山東西南北縱橫的山體，宛如兩條沙臂張伸圍護著鳴沙山麓的月牙泉。

## 月牙泉洗心

在鳴沙山的懷抱之中，有一汪酷似新月的泉水，這就是月牙泉。這裡自古就是一處難得的景觀，從漢代就被稱為「敦煌八景」之一，名曰「月泉曉徹」。

此泉南北長約百公尺，東西寬約 25 公尺。泉水深度由東向西遞減，最深的地方約有 5 公尺。該泉雖深陷沙圍，卻久久沒有被掩埋，就像一塊碧玉鑲嵌在鳴沙之中。古往今來的文人學士都對這一景觀讚嘆不已。

泉水與流沙之間大概有數十公尺。有時候狂風大作，流沙騰起，但卻淹沒不了此處清泉。更讓人驚奇的是，月牙泉地處戈壁，但其水質清澈，而且在乾旱的環境中至今沒有乾涸。人們都說「水火不相容」，所以一般情況下，沙漠和清泉是很難共存的。然而，月牙泉在黃沙中卻能夠存留幾千年。

月牙泉的泉水清涼澄明，味美甘甜，雖常常受到風沙的襲擊，卻依然碧波蕩漾，水聲潺潺，那肆虐的流沙永遠填埋不住它。

**延伸閱讀 —— 敦煌**

敦煌地處甘肅省酒泉市，是該市轄區中的一個縣級市，也是中國著名的歷史文化名城。在古代，敦煌曾經作為中國通往西域、中歐和歐洲的一個必經之地。它處於著名的絲綢之路上，曾經擁有非常繁盛的商品貿易活動。敦煌有許多聞名中外的景觀，例如「敦煌石窟」、「敦煌壁畫」，還有世界遺產敦煌莫高窟、漢長城邊陲玉門關、陽關等。

## 西藏納木錯湖

世界上海拔最高的鹹水湖、中國第二大鹹水湖是中國西藏的納木錯湖，湖面海拔 4,718 公尺。它是西藏著名的三大聖湖之一，其總面積約 2,000 多平方公里，東西長約 70 公里，南北寬約 30 公里，最深處深約 33 公尺。

納木錯藏語的意思是「天湖」，該湖的具體位置在藏北高原的東南部，著名的念青唐拉山峰的北部，西藏自治區當雄和班戈縣納木錯鄉和瓊學鄉境內。納木錯湖水清澈，湖面因反射高原上的藍天而呈現天藍色，遠處好像水天相接，光臨此地有如身處仙境。

### 聖湖成因

《措之解說》中記載，納木錯原名「納木錯秋莫 · 多吉貢扎瑪」。在地質年代的第三世紀末和第四世紀初，喜馬拉雅山運動造成青藏高原部分地區凹陷，於是形成了大型地層下陷湖。最初的納木錯湖面積巨大，但因青藏高原的氣候乾燥，以致後來的湖面逐漸縮小。從古湖岩線可以看出，最早的湖面要比現在的高出 80 多公尺。

## 聖湖傳說因

納木錯湖畔有豐富的牧草，自古就是一處天然的牧場。

傳說，納木錯是綿羊的守護神，所以每逢藏曆的羊年，納木錯將要敞開聖門迎接眾神前來彙集。據傳，天下之眾神按照不同的年分進行輪流彙集，藏曆馬年彙集到崗嘎德斯，猴年彙集到南方的雜日山。羊年則彙集在納木錯。因此人們爭先恐後地前往納木錯朝聖轉經。

從藏曆羊年的元月開始到年底 12 月止轉湖隊伍終年不斷。既有騎馬轉湖的也有徒步跋涉的，不分男女老少人人都以轉湖朝聖一次為積大德，並相信也能給自己帶來無限的福氣。這種心理驅使信徒們不辭辛苦，長途跋涉，日夜兼行地轉湖不止，即便是走不動路的老者或者殘者也乘馬前往，並認為轉得越快功德也越高。那些身強力壯的小夥子不分晝夜地拼命往前跑，竟能在 10 天之內轉納木錯一周。

在藏北眾多的湖泊中，人們為何如此篤信納木錯呢？這也許是除了在納木錯周圍有 4 座古老的寺院外，其主要原因就是納木錯獨特的山水景色和各種奇石異土及其美妙的傳說給納木錯塗上了神祕的色彩。

## 湖中的島嶼

在碧波蕩漾的納木錯湖中有 5 個很突出的島嶼，佛教徒傳說這是五方佛的化身，所以去聖湖朝拜的人，都對這 5 個島嶼虔誠的頂禮膜拜。在 5 個島嶼中最大的島嶼是良多島，其面積大約有 1.2 平方公里。

除了有 5 座島嶼屹立湖中以外，還有 5 個半島從不同的方位插入湖邊，其中最大的一個是扎西半島。扎西半島位於湖的東側，像是湖岸伸入湖中的一隻拳頭。遠遠望去，它是個小山包，由於山包中間明顯裂開，人們說它是個睡佛，短的一段是腦袋，長的一段是身子，腿側伸入湖中漸隱。這個半島是由石灰岩構成的，總面積大約有10平方公里。在半島上，由於湖水的侵蝕形成了很多奇特的岩洞，是一處典型的而且獨特的喀斯特地形區。有些洞口呈圓形而洞淺短，有些溶洞狹長似地道，有些岩洞上面塌陷形成自然的天窗，有些洞裡布滿了鐘乳石。半島上到處怪石嶙峋、峰林遍布，峰林之間還有自然連接的石橋。這裡的地貌奇異多彩，巧奪天工，堪稱奇觀。

藏北牧人經常很自豪地說：「納木錯美如畫，陰有十八大梁，最著名的山梁在陽面，陽有十八大島，最著名的島在陰面。」就是說在納木錯湖周圍共有十八道山梁，其中除多加山梁在陽面外，其餘都在湖的陰面即南邊。同時納木錯共有18個島，其中扎西島在陰面外，其餘諸島均在陽面即納木錯湖的北邊。雖然納木錯海拔達4,718公尺，但島上、湖灘上到處都生長著茂密的牧草和柏樹林。湖島上那些岩洞及樹叢中還有極豐富的水生物，這些水生物替熊創造了一個理想的生存環境。

**延伸閱讀 —— 納木錯的動植物**

納木錯雖然海拔極高，但這裡生存著大量的動植物。該地處於半溼潤向半乾旱過渡的草原地帶，在海拔4,800公尺以下的是湖濱平原；4,800公尺以上為高山草原；在湖濱溼地及河流兩岸有沼澤化草地；在河湖邊緣淺水帶有水生植被。夏初，有成群的野鴨飛來棲息，並在此繁殖後代。

湖泊周圍還經常有狗熊、野犛牛、野驢、岩羊、狐狸、獐

子、旱獺等野生動物棲息。湖中盛產高原細鱗魚和無鱗魚類。湖區還產蟲草、貝母、雪蓮等名貴藥材。鳥類有斑頭雁、赤麻鴨、秋沙鴨、白翅翎、西藏毛腿沙雞等。

# 冰與火的考驗

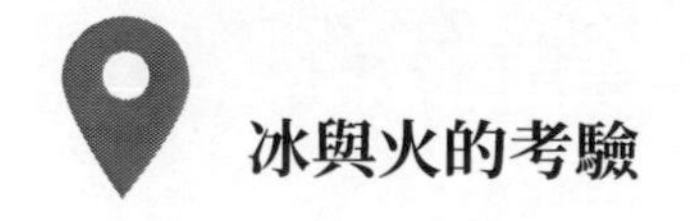


# 冰河國家公園

冰河國家公園在美國蒙大拿州北部與加拿大接壤的國境線上，洛磯山脈（被稱為「北美大陸分水嶺」）從北到南貫穿該公園。公園有 41 萬公頃之大，原來屬於布萊福特部族印第安保留區的一部分，1910 年，被設為國家公園。因為這裡有 50 多條冰河，因此，它被稱為「冰河國家公園」。

## 冰河國家公園的形成

在極地和高山地區，氣候寒冷，常年積雪。當雪積聚在地面上，溫度降低到 0°C以下後，就會因本身壓力作用或經再度結晶而造成雪粒，稱為粒雪。當雪層增加，將粒雪埋入深處，冰的結晶就會越來越粗；粒雪的密度因為粒雪顆粒間空氣的體積不斷減少，而不斷增加，使粒雪變得更密實，從而形成藍色冰河冰。冰河冰形成後，再因受自身的重力作用而形成塑性體，沿斜坡緩慢運動或在冰層壓力下緩緩流動，便形成了冰河。

冰河一般都需要經歷很長的形成時間，年齡只有 20 萬年的莫雷諾冰河屬於「年輕」一族。世界上大多數的冰河都處在停滯狀態，不再生成了，但冰河國家公園的莫雷諾冰河卻很奇特，還在繼續生成，每天向前推進 30 公分。它像一條巨大冰舌，伸到巴塔哥尼亞高原的阿根廷湖中，表面像峭壁一樣的邊緣，盡是嶙峋的深隙。這些冰河的發源地是巴塔哥尼亞冰蓋，那裡是阿根廷與智利邊界的一片遼闊冰原。源自這裡的冰河有些流向太平洋，有些流向大西洋。烏普薩拉冰河是阿根廷冰河群中最大的，伸展到阿根廷湖的北端。莫雷諾冰河每隔 2 ～ 3 年，會發生一次截斷湖面現象，使湖面的水位上升，一直到水流將冰壩底沖出一條涵溝來，冰壩崩塌，湖水重新暢通。這種情況反覆出現，已經有幾十年了，屬於公園的奇觀。

## 美麗的自然風景

冰河國家公園是奇特又美麗，周圍有許多山脈和冰湖，其中一個就是阿根廷湖。在湖三條冰河匯合之處，乳灰色的冰水傾洩而下，巨大的流冰帶著雷鳴的巨大轟響沖進湖裡。冰雪消融時，山峰陡峭的山谷中還會出現美麗的曲線，谷中的溪流從高處飛瀉下來，或水花四濺，或是向溪底傾斜，就像地震後留下彎曲的樓梯，溪水就是沿著傾斜的岩層，逐級流下的，最後形成了 200 多處大大小小的湖泊。

最美的聖瑪麗湖就位於此，長 16 公里，四周為群山環抱；最大的馬克唐納湖也位於此，長約 18 公里；急流湖是最小的湖泊，在風景絕美的地區；冰山湖僅長 800 公尺，在雪飄冰封的高山上；阿瓦蘭切盆地就像一座天然的圓形劇場，山勢雄奇，四周的陡壁高達 610 公尺，天幕上的懸瀑如練一般，紅色西洋杉將山色點綴得更加俏麗，山泉的鳴聲對比之下，四周愈加清幽，是公園的著名景象。

## 冰河國家公園的動植物

冰河國家公園以涼爽溼潤的天氣為主，充足的降雨量也使森林溼潤茂密，滿目碧綠蔥蘢。

該公園還是北美所特有的物種大觀園，有樹木花草 1,000 多種。較乾燥的東部山坡上有蒼勁挺拔的小乾松、花旗松、恩氏雲杉、大枝松亞高山冷杉等；氣候溫暖、土質疏鬆的西部山坡上有鬱鬱蒼蒼的落葉松、冷杉、雲杉等。夏季一到，杜鵑花和百合花爭奇鬥豔；龍膽草與旱葉草競相生長，群山因此格外豔麗。

這片寬廣的土地也養育了種類繁多的動物，其中包括 60 多種哺乳類動物和 260 多種鳥類，主要有山羊、山狗、山貓、駝鹿、黑熊、灰熊、美洲豹、白尾鹿和美洲鹿等。其中的駝鹿是體積最大的哺乳類動物。裡面甚至還能見到山獅以及洛磯山北部大灰狼。大灰熊和黑熊有血緣關係，都是公園內有名的「居民」。大灰熊是瀕危動物，園內大約有 300 ～ 600 隻。牠們的肩膀長著肉峰，是很好辨認的。或許你會認為牠們很兇猛，是肉食動物，但是牠們一般只吃草、漿果還有根莖。

從冰河國家公園望去，洛磯山風光盡收眼底：閃閃發光的冰河順著花崗岩山峰流入峽谷；原野上野花綻放，五彩斑斕；湖水如夏日天空般湛藍；瀑布飛流直下；大灰熊在鄉郊野外悠閒地散步；山坡上樹木繁茂；曠野小道綿延悠長，一副迷人的美妙景象。

### 延伸閱讀 —— 什麼是冰面湖

沒去過冰河的人們是很難想像冰河表面會出現湖泊的。但是事實上，一些較大的冰河之上，冰面湖泊不足為奇。

冰面湖形成有三種方式：一是冰河下的河道融蝕冰河，巨大的洞穴或隧道就湖產生，洞穴頂部就會塌陷，較深較大的長條形湖泊就形成了；二是冰河的低陷裡面積水，夏季會產生強烈的融蝕作用，湖泊就形成了。三是冰河周圍嶙峋的角峰會崩落，較大的岩屑碎塊覆蓋在冰河上，會引起差別的消融，冰蘑菇就會生成；如果岩塊較小，在陽光下受熱，會增溫，然後融化，岩塊陷入冰中，形成圓筒狀冰杯。冰杯形成的速度快，冰面上會形成積水潭，夏天的消融期間，冰面的積水溫度高，有時能達到 5℃。所以積水的融蝕作用很強烈，會把蜂窩狀的冰杯融合在一起，寬淺的冰面湖泊就形成了。

# 海螺溝冰河

海螺溝在中國四川省甘孜藏族自治州的東南部，位於貢嘎山的東坡，是青藏高原東邊的極高山地。海螺溝在貢嘎雪峰的腳下，因低海拔現代冰河而聞名世界。

海螺溝冰河屬於貢嘎山東面冰河的一條，尾端有 6,000 公尺伸進原始森林區，海拔僅 2,850 公尺，在地球同緯度冰河中，海拔是最低的。整個冰河的泉源是冰河雪粒盆，等盆內冰雪積累夠多後會翻越盆沿，導致巨大的雪崩。晶瑩的冰河從高險的山谷傾斜下來，寂靜的山谷被裝點成一個玉潔冰清的世界；巨大冰洞和險峻冰橋，更讓人覺得好像到了傳說中的水晶宮。海螺溝大冰瀑布絕世無雙，是已知的中國最大冰瀑布，比黃果樹瀑布還要大 10 多倍，晴天的月夜，景象特具魅力，無比雄奇。

## 海螺溝冰瀑

海螺溝冰河中的冰瀑是最具特色的自然景觀之一。冰瀑布寬達 1,100 公尺，落差達 1,080 公尺，是由無數巨大、四射著光芒的冰塊所組成，就像從天空洩下了一道銀河，是中國現在所發現最壯觀的冰河瀑布。

因是冰體組成的，冰瀑布不會像水瀑布能夠流動，但是因為有冰體融凍，所以它會不斷發生冰崩。春夏是冰河活動劇烈的時候，這時期一天所產生的冰崩就能有上千次，最多的時一次會有上百萬立方公尺的冰體發生崩塌。冰崩出現的時候，冰體之間的劇烈撞擊和摩擦導致放電現象的發生，電光閃爍，大地發生震顫，連山谷也跟著轟鳴，無數冰塊飛濺起漫天的冰霧，堪稱冰河奇絕景觀。

除了冰瀑外，由於海螺溝冰河活動性較強，在冰河的運動中還逐漸形成了如翡翠、水晶般晶瑩的冰河、冰洞、冰門、冰湖、冰峰、冰階梯等。

## 海螺溝的冷泉與熱泉

在海螺溝內到處有甘甜的冷泉，泉水有些是從地下湧出的，有些是清澈的溪流，有些是石上的飛瀑。冷泉水完全出自天然，沒有雜質更沒有受到汙染。

更奇妙的是，在溝裡很接近冰河的地方還存在著很多溫泉、熱泉，甚至還有沸泉，是海螺溝冰河所特有的冷熱共存妙景。

海螺溝內共有三處溫泉，溫泉水溫一般在 50 ～ 80℃之間，是碳酸納或者碳酸氫鈣的中性熱泉。水是無色透明的，沒有異味與有害物質，屬於極好的浴療礦泉水，能快速消除疲勞，並能治療如皮膚病、溼寒症、關節炎等。

該冰河森林公園開設後，在「熱水溝」建了二號營地。從巨樹之下的石縫裡湧出熱水，聚成泉池，水溫能達到 83℃以上，水清澈見底，無色無味，更不會有汙染。經化驗，是碳酸氫鈣型的中性泉水，既可沐浴又可引用，對人體即為有利，日流量可達 8,900 噸。天寒地凍的高原上，竟然出現「天上瑤池」，真是太讓人吃驚了。

在熱泉的附近是 10 公尺高的石灰岩崖坎，泉水匯成瀑布，傾瀉而下，是難得的溫泉瀑布。泉池、熱瀑的蒸氣，滾滾升空，氣勢非常浩大，連原始森林的綠樹奇花都變得朦朦朧朧了。萬木蔥鬱之中，白霧環繞，群山在其中若隱若現，遠遠望去，就像是仙山勝景。

除了這些，溝內還有海拔 1,900 的公尺窯坪溫泉，海拔 1,530 公尺的沙樹坪溫泉，兩者溢出的水，溫度也在 52 ～ 60℃，也是醫療礦泉水。

## 不斷消融的冰河

儘管海螺溝冰河有很多奇特景觀，卻還是不能阻擋強烈的消融。每年 3 ～ 11 月為冰河的消融期，5 ～ 10 月為主要消融期。在海拔 3,600 公尺的冰面上觀察，發現冰河的消融強度每日可達 8 公分。這樣推算，冰舌區的絕對消融每年深可達 10 ～ 15 公尺。若是根據跨冰河的兩條橫剖面對冰面進行地形觀測，冰舌中段的冰面高度年平均減薄 1.5 公尺，也就是有 85% 被消融的冰己經由新冰補上了。但整體來看，消融量還是比補給量大。

冰河的消融也形成了一定的景觀，例如冰杯、冰井、冰柱、與冰下河相通的冰河豎井、冰洞、冰橋、冰面湖、冰面河、冰湧泉、冰河乳冰下河（也叫冰河城門洞）等。冰下河的地面出口是冰河城門洞（若是在冰崖之下，形狀就像城門），地下出口是冰湧泉，是海螺溝的主流水源。冰河城門洞和冰湧泉的具體位置會跟著冰舌末端的退縮而向上游移，是海螺溝的勝景。

### 延伸閱讀 —— 冰河消融的影響

目前，很多冰河都在不斷消融，冰河消融必將帶來一些嚴重的後果。

科學家認為，在過去的一個世紀裡，冰蓋和山地冰河融化是導致全球海平面上升 10 ～ 25 公分的一個原因。現在冰河融化使得海平面上升之數值在逐漸增加。若是南極冰蓋崩解，全球的海平面將會上升近 6 公尺。若是南北極兩大冰蓋都融化了，海平面將會上升達 70 公尺。海平面一上升，沿海地區就會變成汪洋的大海，沿岸大片地區就會被淹沒，這些地區的居民將整日不得安寧。

其次，冰河的消融還會導致全球暖化的趨勢加劇。因為冰河，尤其是極地大範圍的冰蓋能大量反射陽光，對地球能保持溫度升高造成影響，同時若冰河融化，陸地和水面就會暴露在外，吸收太陽的熱量後會是冰體融化的更多，這樣的連鎖反應，肯定會加快地面增溫的速度，氣候變暖的趨勢加劇。冰河消融也會給局部地區帶來嚴重的災害。例如若是喜馬拉雅山冰河消融，尼泊爾和不丹境內近 50 個冰河湖就會決堤，洪水氾濫就會發生；夏季，冰河快速消融也會導致印度河、恆河的水位上漲，引發洪災。而且冰河退縮，會使得大部分以冰河融水為水源的地區發生嚴重缺水現象，例如祕魯和印度的北部就會因此面臨乾旱缺水的危機。

此外，冰河消融還會將某些動植物的生存環境破壞。例如，冰河消融後，與冰蓋有很大關係的北極熊就會難以找到食物；南極的企鵝、海豹等也會因海冰的減少以及溫度上升等變化而改變自己的生活習慣、繁殖方式等；埋藏在冰蓋中已經幾百年甚至幾萬年的微生物，也會因為冰河消融而暴露，影響人類的健康。

## 堪察加火山群

堪察加火山是世界上著名的火山，活火山的密度很高，而且噴發形式多元。堪察加半島的奇異景觀是由 5 座不同的火山構成的，該半島在歐洲大陸與太平洋之間，也把這裡不斷發展的火山活動和各具特色的火山種類展現在世人面前。

除了地質特徵之外，堪察加火山還因為它優美的自然景觀與野生動物而世界聞名。

## 堪察加火山群的特徵

堪察加火山群不僅密度高，而且地形複雜，有洞穴、互相重疊的地層，還有間歇泉、溫泉和噴泉等。這裡著名的景點就是特別的火山地行和各式各樣的泉水。共有 25 個間歇泉在克羅諾基活火山不遠處的間歇泉峽谷中，泉水的礦物質把周圍的岩石都染得呈現紅、粉紅、藍紫或棕褐等顏色。其中最大是韋孔泉，它噴出的沸水和蒸氣柱能達到 49 公尺高，約每 3 小時噴 4 分鐘。

4,750 公尺高的克柳切夫火山是亞洲最高的活火山，也是較活躍的火山，每隔 25 ～ 30 年就會噴發一次。

與別的地區相比，這裡火山活動頻繁很多，海拔 2,323 公尺的木特諾夫火山與 1,829 公尺的克連尼曾火山是其中最著名的兩座。再加上千島群島上的 56 座火山，構成太平洋火山圈裡最活躍的一段，這裡的活火山占了全世界活火山的 1/10。

這裡的氣候、土壤很適宜動植物生存。雖然火山活動頻繁，但這裡的生物物種卻頗為豐富。藍狐、銀狐、棕熊、麋鹿、馴鹿、駝鹿、大角羊、黑頂土撥鼠、麝鼠、海狸、堪察加星鴉、山鷹、榛雞、雪羊、水貂、黑貂大馬哈魚等為主要動物。其中有一些已經是世界的瀕危物種了。熊、雪羊、北方鹿、紫貂、狼獾等是這裡的典型動物。鳥類也是各式各樣、應有盡有。

## 堪察加火山島上的奇觀

火山是堪察加半島上的一大奇觀。包括破火山口、層狀火山、外輪火山和混合類型火山在內，半島上共有 300 多座，其中 28 座是活火山。

另一奇觀就是噴泉。半島上有很多冷、熱噴泉，熱噴泉高達 85 處之多，罕見的間歇泉在這裡也能見到，克諾斯基自然保護區內最多。噴泉中所含成分不同，酸性泉、硫磺泉以及氨鹼泉等都有。「巨人泉」是間歇泉中最壯觀。雖然它的噴發時間較短，但卻很強烈，首先泉水注滿了出口，而後開始冒泡沸騰，最後，巨大的水柱猛然騰空，可達 10 ～ 15 公尺，整個河谷都籠罩在雲霧中。瞬間熱氣奔騰，地下轟隆，讓人驚心動魄。舒奇亞河支流地區間歇泉密集，群泉競噴時，此起彼落，雲纏霧繞。

第三個奇觀就是死亡谷。死亡谷坐落在基赫皮內奇火山山麓、熱噴泉河上游，在克諾斯基保護區南部。峽谷 2,000 公尺長，100 ～ 300 公尺寬，海拔超過 1,000 公尺，山澗穿谷而過，清澈見底。山谷四周有崢嶸的峭壁，峰頂則有皚皚的白雪，山谷中還經常有輕紗般的薄霧繚繞。這裡西坡上草木蔥蔥，東邊卻是一片光禿禿的樣子。在這裡不論是粗壯的黑熊還是田鼠都會難逃厄運，會很快死亡，所以稱為「死亡谷」。其實，這些動物之所以會死，是因為谷底有硫岩層，有裸露的純硫，經常帶有有毒的硫化氫地下氣體溢出。颳西風時，峽谷的出口被封住了，毒氣不消散，來覓食的動物就會中毒而死。當較強烈的東風與北風颳來時，毒氣才被稀釋、消散，此時谷內才是安全的。

第四大奇觀則是海潮。位於西北部品仁納灣內的海潮是堪察加半島上的另一大奇觀，海潮經常高達 13 公尺左右，比 3 層樓還要高。

### 延伸閱讀 —— 堪察加湖

堪察加湖保護區在俄羅斯遠東地區最偏遠的地方，是由 5 個獨立保護區所組成的，它們都屬於俄堪察加州。這裡四面環海，氣候潮溼而涼爽，所以非常適合植被生長。這裡多數地區尚未開發，因此原始森林基本上保留著原貌。針葉林如白樺、雲杉和落葉松等都有，多生長於谷中；還有成片的白楊、榿木、柳樹林生長在河邊的沖積土壤上；其他還有植被分布在泥炭沼、亞高山帶灌木叢、高山苔原以及遼闊的沿海溼地上。

這裡動物的種類比較少，但是總量相當可觀，典型的動物有熊、雪羊、北方鹿、紫貂和狼獾等。哺乳類動物也有幾十種，如麝鼠、水貂、麋鹿、棕熊、加拿大海狸和雪羊等。目前在這裡還沒有發現爬行動物，只有一種兩棲類的動物。

與兩棲動物形成鮮明對比的是，這裡的鳥類很多，其中屬世界瀕危物種的也不少。全球有一半的阿留申燕鷗是棲息在這裡的。另外，幾乎島上所有河流，特別是那些沒有被汙染過的河裡，都有大馬哈魚，牠們在食肉鳥類和哺乳類動物的食物鏈中是很關鍵的。但是，近些年，因為海濱附近有過多的違法捕魚行為，再加上現代工業對牠們產卵造成很大危害，大馬哈魚已經被列入俄羅斯瀕危物種的行列。

## 夏威夷火山島

提起火山，大家也許會想起熾熱的岩漿噴射奔流吞沒一切的可怕景象，但美國的夏威夷火山群卻與眾不同。它噴發時，人們不是四處躲避，反而是要興致勃勃地前往觀光。

從地質學上來看，夏威夷火山噴發是平穩地噴發出具有高流動性的玄武熔岩，而並非爆炸式。150 多年來，僅有一個人在火山爆發中死亡，所以，夏威夷火山不是死亡墳場，而是人們的遊覽勝地。

夏威夷火山島世界聞名，面積約 1 萬多平方公里，為夏威夷群島最大和最東南的島嶼。夏威夷火山島的地質年代最為年輕，它是由 5 座火山作組成的，其中，基拉韋厄火山在世界活火山中是最大的。島形類似三角形，地貌較複雜，這裡有茂納凱亞火山，頂部有積雪，還有雲霧中的高原、臨海的峭壁、熱帶的海濱、有熔岩的荒漠以及植物林等。

## 夏威夷火山的成因

雖然夏威夷火山的強大摧毀力令人恐懼，但它對人類卻沒有造成多大的傷害，並且始終受到夏威夷人民的尊敬和喜愛。1,500 年前，有人乘坐巨大的雙體船首次來到了這裡，之後，有諸神居住在火山的傳說就開始在夏威夷流傳。

幾個世紀中，夏威夷人一直傳說：Pele —— 火山之神在島上遊蕩，當向其他神仙講述旅行故事時，她會使勁跺腳，這樣大地會跟著顫動，新的島嶼也就生成。

地理學家認為，這些傳說也是有一定的依據，可能出現島嶼的地方確實在不斷變換。對此，用「熱點」理論與板塊構造論進行解釋，稱可能由於一些未知原因，地表以下存在著 100 多個熱區，而這些地方產生的熔岩或岩漿比其他地方要多得多，夏威夷熱點就是其中最大的一個。

熱點是固定的，但構成地殼的 12 個大板塊卻不是固定的，比如太平洋板塊就處於持續的運動中，每年約移動 0.1 公尺。當這些板塊移到熱點上時，內部岩漿就會湧出來，創造出一個新島。新生島又被移動的板塊拖動，離開熱點後，下一個島嶼會在該熱點生成。夏威夷火山群就這樣形成了。

直到現在，夏威夷火山群中的活火山口仍不計其數，每天都會有小規模火山進行噴發，熔岩流進大海，成為新陸地，島嶼面積正每天不斷增大。

## 冒納羅亞火山和基拉韋厄火山

冒納羅亞火山是夏威夷火山群的第一大火山，海拔 4,170 公尺，是圓錐形的。它從水深達 6,000 公尺的太平洋底部，聳立出來，從海底到山頂，高度有 10,000 多公尺，與聖母峰相比，還要高出 1,000 多公尺。

冒納羅亞火山迄今大約噴發過 35 次，至今山頂上還留有火山口。火山噴發時，大量的熔岩不斷傾瀉而出，使山體日益增大，因而冒納羅亞火山也被稱為「偉大的建築師」，大火山口則被稱為「莫卡維奥維奥」，意思是「火燒島」。1984 年 4 月，該火山口再次噴發，熔岩往夏威夷首都方向流瀉達 17 英里。大噴發之前，火山上空曾經出現過巨大熱浪，人們看到有滾滾的烏雲，電閃雷鳴之後就下起大雨。

基拉韋厄火山海拔 1,243 公尺，在冒納羅亞火山東南方，山名是「吐出許多」的意思。

基拉韋厄火山活動非常頻繁，30 年內噴發了 50 次，創下了世界記錄。1983 ～ 1984 年，1 年多的時間，就有過 17 次爆發，頻繁程度世間罕見。而且火山爆發時，景象也十分壯觀。熔岩如同噴泉，奔騰翻湧、四處飛濺；金黃的巨流如同決堤的洪水，或沿縫瀉出，或從火山口噴出，氣勢非常洶湧。其中最著名的是熔岩拋向空中噴發達 90 公尺，最高的甚至達 503 公尺。熔岩離開火山口後，如紅色河流，沿著山丘流動而下。傳說中夏威夷火山居住著佩莉女神，她雲遊諸島。基拉韋厄火山爆發是為了迎接遠遊歸來的女神。

**延伸閱讀 —— 太平洋上的明珠夏威夷**

夏威夷群島非常美麗，如彎月一樣鑲嵌在太平洋中部。24 個小島加上 8 個大島組成了該群島，它是「太平洋十字路口」、「美國通往亞太的門戶」。

夏威夷氣候溫和宜人，是一個旅遊業最發達的地方。但吸引觀光遊客的不是名勝古跡，而是它獨有的美麗環境，以及當地人傳統的熱情和友善。夏威夷的風光非常明媚，海灘異常迷人，日月星雲時刻變幻風光。晴空之下，威爾基海灘上陽傘像花兒一樣；晚霞下，岸邊的蕉林、椰樹彷彿在為情侶們低唱；月光中，草席上的波利尼西亞人歌舞昇平。這裡花、海音韻替遊客們伴奏著浪漫的樂曲。

夏威夷草裙舞是最讓遊人懷念的。草裙舞又叫「呼拉舞」，是一種注重手腳和腰部動作的舞曲。月光如水的夜晚，椰林之中涼風陣陣，青年們穿著夏威夷衫，抱著吉他彈奏優美的音樂，低沉的曲調傾訴戀情；女郎跳著舞，身上掛有花環，還穿著金黃的草裙，盡情展現自己舞姿。詩的氣氛，畫的情調，濃的感情……叫人流連往返啊！遊客們還喜歡欣賞、讚頌「火山女神」的舞蹈。火山爆發讓原住民族震驚，他們對火山心有餘悸，於是他們認為世界是由火山女神掌管的，於是，就編了讚頌「火山女神」偉大的舞蹈。原始呼號很瘋狂，一群原住民族臉上塗著色彩，圍在火堆邊狂舞、歌唱。

# 維蘇威火山

維蘇威火山在義大利西南部拿坡里灣東海岸，是一座活火山，還是歐洲大陸唯一一座活火山，海拔達 1,281 公尺，這裡有世界最大的火山觀測處。

傳說，維蘇威火山是截了頂的錐形的火山。火山口周圍的陡壁懸崖長滿了野生植物，在岩壁的一側有一個缺口。火山口底部沒有草木生長，較為平坦，但是，火山錐的外緣山坡上覆蓋有肥沃的土壤，適合耕作，山腳下是赫庫蘭尼姆和龐貝兩座繁華城市。

經研究，維蘇威火山是非洲板塊與歐亞板塊碰撞而形成的，最早應該形成於更新世晚期，約 20 萬年前。火山雖然還比較年輕，但一直處在休眠狀態。

## 維蘇威火山大噴發

在西元前，維蘇威火山曾經噴發過多少次，沒有找到詳細的記載，但西元 63 年的那次地震為周圍城市帶來了很大的損害。從那次地震一直到 79 年，附近地區，小地震還是會時常發生，一直到西元 79 年的 8 月，地震次數增多，強度也增大，最終，維蘇威火山迎來一次大爆發。

大爆發處，一股濃煙柱從火山垂直往上，並快速地往四面進行分散，如同蘑菇一樣。烏雲裡偶爾還伴隨閃電似的火焰。火焰過後，天比夜晚還要黑。火山灰噴出後，飄揚得很遠，因為赫庫蘭尼姆城離火山口比較近，就被掩埋了，上面有 70 英尺的火山灰，有些地方達 112 英尺，有些覆蓋物和泥流還沖到房屋或地下室。

1713 年，人們在打井時，打在了被掩埋的圓劇場，後來赫庫蘭尼姆和龐貝兩座城市也就被發現，但只有發現很少的骨骼，可能因為火山大爆發之前，發生過頻繁的地震，多數居民有充分的時間進行逃避，還能把貴重的、易於攜帶的物品也帶走了。但是，在郊區的一座房屋地下室中，人們發現了 17 個人的骸骨，可能因為他們當時以為已經找到了避難所，沒想到最後仍被包裹在火山灰、泥流硬化後的凝灰岩中。

美國以及義大利的考古學家研究，認為歷史悲劇還是有可能會重演，該火山可能還會在毫無預兆的情況下，為拿坡里城帶來滅頂之災。

1944 年，該火山再次噴發，熔岩從火山頂部中心流出來，噴出的火山礫與火山渣甚至高出山頂了 500 公尺。火山爆發的奇妙景觀甚至讓當時正在山下作戰的同盟國軍隊和納粹士兵停止了作戰，都跑去觀看這一奇觀。

## 火山周圍的環境

從高空俯瞰，維蘇威火山是個漂亮的近似圓形的火山口，那是 79 年的那次大噴發所形成的。因為火山一直都很活躍，後期形成的新火山上，一直沒有植被長出，看起來比較禿，蘇瑪山（是早期形成的，在新火山的周邊）上面卻有稀疏的植物。

站在火山口的邊緣，可以看清整個火山口的情況。火口深約 100 公尺，由黃、紅褐色的固結熔岩和火山渣組成。根據熔岩及火山灰的堆積，能夠看出維蘇威火山經歷過多次的噴發，因為熔岩與火山灰是經常交替出現的。自 1944 年以來，該火山沒噴發過，但平時它還是會不時出現噴氣的現象，這表明火山並沒有「死」，只處在休眠的狀態。

維蘇威火山周圍土壤很肥沃。在 1631 年大爆發前的年代裡，火山活動不活躍，火山口內有樹林，還有 3 個湖泊，家畜也會常來這裡飲水。而噴發後，由於火山的氣體，山坡上的植物紛紛枯死。1906 年噴發後，人們在山坡上植樹造林，來保護居住區，使它不受強裂噴發後常發生的泥流襲擊。肥沃的土壤上，樹木成長非常迅速。西元前 73 年，角鬥士斯巴達克思曾經被執政官困在索馬山荒蕪的山頂上。當時山頂寬廣而平坦，四周有粗糙的岩石，上面垂掛有野藤。斯巴達克思就把藤枝搓成一條結實的繩索，順著火山口邊沒有防守的裂縫滑下來逃走了。龐貝和赫庫蘭尼姆兩城曾經挖出過一些描繪該火山的畫，畫的就是 79 年的那次大噴發前的樣子，畫上它僅有的一個山峰。

### 延伸閱讀 —— 活火山、死火山與休眠火山

活火山指現在還在活動或週期性發生噴發活動的火山，該類火山正處在活動旺盛期，例如爪哇島的默拉皮火山，平均每 3 年就會持續噴發一段時間。

死火山是指曾經發生過噴發，但是，有史以來沒有活動過的火山，已經喪失了活動的能力。有些死火山還保持完整的火山形態，但有些已經受到風化侵蝕，僅剩殘缺的火山遺跡，中國山西大同火山群，在 123 平方公里的範圍內分布有 99 座孤立的火山錐，其中的狼窩山火山錐海拔近 1,900 公尺。

休眠火山是指有史以來曾噴發過，但是，已經長期處於相對靜止的狀態。該類火山都保存著完好的火山形態，還有火山活動的能力，或者還不能斷定火山活動能力已經喪失。中國的白頭山天池就是休眠火山，它在 1327 年和 1658 年發生過兩次噴發，之前也有過多次火山活動。目前沒有噴發活動，但高溫氣體從山坡的一些噴氣孔中不斷被噴出，可見它目前還處在休眠的狀態。

其實，這三種類型的火山之間並沒有嚴格的界限。休眠火山

可以復甦，死火山也可以「復活」，相互間都不是一成不變的。過去，人們以為義大利的維蘇威火山是死火山，還在它的腳下建了很多的城鎮，在火山坡上開闢葡萄園。但是，西元 79 年，維蘇威火山突然發生了爆發，毫無防備的龐貝和赫庫蘭尼姆兩座古城遭到了高溫火山噴發物的襲擊，兩座城市及在那居住的人全部被掩埋。

# 埃特納火山

義大利南部西西里島的埃特納火山是著名活火山，也是歐洲最大的火山，海拔達 3,315 公尺。它的下面是個巨大的盾形火山，上面是火山渣錐，有 300 公尺高。這表明，在火山活動的歷史上，它的噴發方式曾發生過變化。因為埃特納火山是在幾組斷裂的交會處，活動一直很頻繁，所以，它也是有史以來，噴發次數最多次的火山，總共噴發了 200 多次。

## 埃特納火山的噴發史

根據地質特徵表示，埃特納火山在第三紀末，約 250 萬年前就已經是活火山，活動中心不止一處。埃特納火山現在的結構，至少是兩個主要噴發中心活動的結果。史籍記載，埃特納火山的大噴發是在西元前 475 年。西元前 1500 年～ 1669 年間，共記錄過 71 次噴發；從 1669 ～ 1900 年，則有 26 次之多；從 20 世紀開始，一共噴發了 12 次。

歷史上最為猛烈的一次噴發發生在 1669 年 3 月 11 日～ 7 月 15 日。那次所噴出的熔岩達 8.3 億立方公里，地殼表面都出現了裂縫。從這裂縫中，熔岩流夾帶著岩塊、砂子和火山灰等猛烈地噴出，噴出物堆積成了 46

公里高的火山錐。熔岩流將附近摧毀了，將卡塔尼亞城西部淹沒，附近城市有 2 萬多人遇難。

1979 ～ 1981 年，埃特納火山連續 3 年都有噴發活動。1981 年 3 月 17 日，海拔 2,500 公尺的東北火山口發生噴發，噴出的熔岩、岩塊、砂石和火山灰掩埋了周圍的樹林和葡萄園，毀壞的房屋數以百計。

此後的 1987 年、1989 年、1990 年、1991 年、1992 年、1998 年間，該火山也曾多次爆發過。2001 年，從火山噴口中流出了熔岩，影響了附近的地區；2002 年 10 月，頂端火山口中噴處帶火山灰的大煙柱；2007 年 9 月 4 日晚上，該火山再次噴發，熾熱的岩漿與濃黑的煙霧見夜空照亮，山腳下的居民區和旅遊景點受到了影響。雖然，火山爆發好像十分危險，但義大利當地政府仍認為目前的火山爆發不會對當地的居民造成太大的威脅，因此，只是加強了火山監控。火山噴發甚至還吸引了大量前來參觀的遊客。

據統計，自埃特納火山首次噴發以來，至今已造成的死亡人數達 100 萬。它是活火山，所以火山口還冒著濃煙。

## 埃特納火山周圍的環境

在埃特納火山海拔 1,300 公尺以上，有茂密的林帶與灌叢，500 公尺以下則栽有葡萄和柑橘等果樹。

埃特納火山山坡植被分布為 3 個地帶，海拔 915 公里以下為最低地帶，土壤相當肥沃，當地人在這裡建立了種植園，栽滿了葡萄、橄欖、柑橘、櫻桃、蘋果和榛樹等。在海拔 915 ～ 1,980 公尺處，生長著栗樹、山毛櫸、櫟樹、松樹和樺樹等。最高帶海拔 1,980 公尺以上，布滿了砂礫、石塊、火山灰和火山渣等，但也有稀疏分散的灌木。甚至在接近海拔 2,990 公尺的火山口，還有藻類生存。

不仔細看，埃特納火山跟一般的山峰並沒有什麼兩樣，只是因海拔較高，山頂有不少的積雪。但仔細看觀察，原來地下的火山灰如同厚厚的爐渣，凝固的熔岩也很多。站在火山之巔，都能感到腳下的火山正在微微顫抖，這就是典型的火山性震顫。據當地火山監測站觀測，大約每天的午後兩點，火山的震顫就會達到最高峰。

該火山上還經常發出沉悶的響聲，是氣體噴出時的聲音。火山熱度透過地表，傳到人的腳上，讓人覺得腳底下是溫的。火山口側壁上還有個直徑 2 公尺多不時會逸出氣體的圓洞。山上有各種噴氣孔，很濃的硫質氣味在這裡飄蕩，噴氣孔旁邊會有沉澱的淡黃色硫磺。山頂上還有幾條寬約 20 ～ 50 公分的大裂縫，可能是地下岩漿隆起所造成的。這些都說明該火山的活動性還是很強的。

## 延伸閱讀 —— 火山噴發的過程

火山噴出地表之前，有三個階段：岩漿形成和初始的上升階段、岩漿囊的階段、從岩漿囊離開到地表的階段。

岩漿形成和初始的上升階段：岩漿產生需有兩個過程：一個是部分熔融，一個是熔融體與母岩分離。這兩個種過程並不是獨立的，熔融體與母岩分離或許會在熔融開始產生之時就有了。一部分熔融是液體（岩漿）與固體（即結晶）二者的共存態，溫度的升高和壓力的降低以及固相線的降低都會導致部分的熔融。部分熔融物質隨著地形漫流上升的時候，流動之中還會產生液體與固體的分離，從而產生液體的移動和聚集，這就叫熔離過程。

岩漿囊的階段：岩漿囊是火山下充填岩漿的地方，它也是地殼或上地函岩石介質中岩漿相對較多的地方。通常認為，在地函柱內岩漿只占總體積的 5 ～ 30%。從局部看，可視為內部相對流通的液態集合。岩漿是由岩漿熔融體、揮發物及結晶體組成的混合物。

從岩漿囊到地表階段：岩漿從岩漿源區到達地表的通路上升了，岩漿囊壓力過剩，通道的形成和貫通，以及岩漿上升中產生的結晶脫氣有很大關係。地殼中引起壓力比岩石破裂的強度大時，破裂就會形成。如果裂隙互相串連，就能作為岩漿噴發的通道，讓岩漿噴出，於是火山就爆發了。

# 維龍加火山群

基伍湖北，位於薩伊、盧安達、烏干達三國接壤地區的維龍加火山群在東非很著名，它是由 8 座巨大火山與幾百座的小火山所組成的，其中的卡里辛比火山是最高的，而米凱諾火山與比索克火山是其中最老的；在火山山脈西端有尼拉貢戈火山與尼亞穆拉吉拉火山形成還不足 2 萬年，很多火山口的熔岩都還在活動。維龍加山脈眾噴出熔岩創造了周圍從融岩平原到火山山坡處大草原等多樣的地貌。

## 維龍加火山群周圍景觀

維龍加火山噴出的熔岩創造了周圍的景觀。維龍加山脈在東非大裂谷的西部，這裡的河水曾經都流向北面的尼羅河。但火山熔岩流到這裡之後，堆積成了堤壩，基伍湖就這樣攔成了，許多曲折參差的湖岸也就被塑造了出來，景象非常奇美。

基伍湖平均深約為 180 公尺，有些地方深達 400 公尺，雖然外表恬美，卻蘊含著極大的破壞性：二氧化碳經常會從湖底滲出，由於上面的巨大的水壓而積聚在湖底。在細菌作用下，二氧化碳轉化成沼氣，一旦接觸明火，就會爆炸，形成一個火球，把四周的東西燒成灰燼。

尼拉貢戈火山也是維龍加火山群中的一員，目前已被聯合國列為全世界最危險的 16 座火山之一。即使不噴發，它也會一直保持著活動的狀態，每天釋放出來的二氧化硫氣體能夠高達 5 萬噸。除有毒氣體外，尼拉貢戈火山口的底部還有個罕見的熔岩湖，烈焰飛騰，1,000℃的岩漿每時每刻都在準備著噴發。在 2002 年 1 月 17 日，岩漿從火山錐東坡、南坡的 3 個裂口溢了出來，紅色岩漿幾乎將周圍的一切摧毀。

維龍加火山群的最高峰是卡里辛比山，是一座休眠火山，在盧安達和薩伊邊界上，海拔 4,507 公尺，但這裡地震頻繁。山麓熔岩平原面積廣大，因此有很多植被和動物。迎風坡是一大片的熱帶森林，而背風坡則是乾旱森林和灌叢、草原。其中的動物有黑猩猩、大猩猩、大象、野牛、羚羊等，以及多種鳥類。薩伊在此設立了維龍加國家公園，盧安達和烏干達分別設了火山公園和魯文佐里山國家公園。

## 維龍加國家公園

維龍加國家公園占地 8,000 多平方公里，地形多元，約有 2 萬頭河馬生活在這一地區的河畔地帶，來自西伯利亞的鳥兒也會在這裡過冬。這裡的愛德華湖是屬於尼羅河水系的。

維龍加國家公園不同的海拔高度決定了該地區氣候是非常複雜的，而多方面因素的綜合作用又使這裡的生態環境呈現出多樣性。生態環境主要有海拔高度不同的湖、溼軟的沼澤地三角洲、疏林草原、火山岩造成的平原、低海拔的赤道森林、高海拔的冰河和頂峰積雪常年不化的雪域等類型。各式各樣的生態環境也造就了繽紛異彩的植物世界，山上長滿了竹林，疏林草原上還有狼尾草、白茅屬植物、阿拉伯樹膠以及風車子等。其他地方還有羅漢松、石南科灌木、金絲桃屬植物以及巨大的山梗菜屬等植物。到了海拔 4,300 公尺以上，植被就很稀疏了，主要是一些苔蘚地衣及種子植物。

## 維龍加山脈

在非洲中東部有一條火山山脈，這條山脈沿剛果、盧安達和烏干達邊境延伸近 80 公里，其中有 8 座主要的火山，在這些火山中最高的是卡里辛比火山，這條山脈就是著名的維龍加山脈。

該山脈中的公尺凱諾火山和薩比尼奧火山最古老，據考察它們始於更新世早期，它們的火山口已經消失，侵蝕成崎嶇的地形。在山脈西端的尼拉貢戈火山和尼亞穆拉吉拉火山形成時間也很短，大概 2 萬年都還不到。

### 基伍湖

維龍加山脈地處東非大裂谷西部，這個地區的河水通常都會流入北面的尼羅河。但是由於該山脈上火山岩漿流到此地，冷卻後就形成了天然的堤壩，這樣就形成了現在的基伍湖。岩漿遇水冷卻塑造出了曲折參差的湖岸，為這裡的景象增添了美麗。基伍湖平均深約為 180 公尺，最深處可達 400 公尺左右。

美麗的基伍湖其實有很強的破壞性：二氧化碳不斷地湖底滲出，但因巨大水壓而積聚湖底；由於細菌的作用，這些二氧化碳轉變成沼氣，一旦有人為的擾動，如把沼氣抽出來做燃料，就極可能使沼氣冒出水面，如果此時接觸明火，大量的沼氣會一下子造成爆炸，摧毀周圍的一切。

## 尼拉貢戈火山

世界上最危險的火山大約有 16 座，這其中就包括尼拉貢戈火山。這座火山雖然不噴發，但是它一直都處於活動狀態，每天僅釋放二氧化硫氣體的量就高達 5 萬噸。尼拉貢戈火山口底部充斥著各式各樣的毒氣，除此之外，這裡還有一個罕見的熔岩湖，那裡的熔岩高達 1,000 多攝氏度，每時每刻都烈焰飛騰。

2002 年 1 月 17 日，岩漿終於從火山錐東坡和南坡上的 3 個裂口溢出，紅色岩漿差不多摧毀了一切。直徑 1,200 公尺的火山口四周是陡峭的岩壁，時常還會冒煙。熔岩湖在火山坑約 300 公尺深處，在那裡只要小規模的氣體爆炸就能將岩漿像噴泉一樣拋起。

## 國家公園

維龍加國家公園占地 8,000 多平方公里，地形多元，從熔岩平原到火山山坡處的大草原，不一而足。約有 2 萬頭河馬生活在這一地區的河畔地帶。這裡是山地大猩猩的樂園，自西伯利亞飛來的鳥類也在這裡過冬，公園裡的愛德華湖屬於著名的尼羅河水系。

該公園差異極大的海拔高度導致了該地氣候的複雜性，多方面因素的綜合作用又使得這裡的生態環境呈現出了多樣性。生態環境類型主要包括：海拔高度不同的各個湖、溼軟的沼澤地三角洲、泥沼、疏林草原、火山岩平原、低海拔的赤道森林、高海拔的冰河及雪域（某些高山頂峰上的積雪常年不化）。各式各樣的生態環境造就了異彩紛呈的植物世界。山上長著青翠的竹林，稀樹大草原上生長著白茅屬植物、狼尾草、阿拉伯樹膠和風車子。其他地區還有金絲桃屬植物、羅漢松、石南科灌木和巨大的山梗菜屬植物；到了海拔 4,300 公尺以上，植被稀疏，主要是一些苔蘚地衣及種子植物。

### 延伸閱讀 —— 山地大猩猩

維龍加山區提供山地大猩猩（瀕臨滅絕的珍稀動物）很好的生活環境還有豐富的食物來源，別處已很少見得到的動物，在這裡都可以得到很好的繁衍生息。山地大猩猩有粗魯的面孔和巨大的身軀，所以看起來會害怕，其實牠們是和平的素食主義者，牠們大多時候都在非洲森林中閒逛、嚼枝葉或睡覺。

大猩猩可以分成 3 種，分別是東部低地種、西部低地種與山地種。山地大猩猩在非洲中部很小一塊地區內生活，過著群居生活，每群中都有一個被稱為「銀背」的成年雄性大猩猩當首領，每個群裡都會有好幾隻雌猩猩以及牠們的孩子。「銀背」帶領群猴尋找食物和晚上休息的地方，牠們經常折彎樹枝，搭窩睡覺。「銀背」還能用喊叫、捶胸等嚇唬方式，趕走其他群的雄性大猩猩，來維護自己群的生活場所。

## 富士山

海拔 3,776 公尺的日本富士山是日本最高峰，高聳入雲，山巔有皚皚的白雪。

富士山是休眠火山，據傳，它是在西元前286年，因為地震形成的。有文字記載以來，它共噴發過 18 次，最後是 1707 年噴發的，之後它就成了休眠火山。但是，地質學家仍然將它列進活火山中。由於噴發，富士山山麓處有無數的山洞，有些現在還有噴氣的現象。山頂上還有兩個火山口，大的直徑約 800 公尺，深達 200 公尺。

日本人民將富士山譽為「聖嶽」，是民族的象徵。山距東京約 80

公里，跨越靜岡和山梨兩縣，面積達 90 多平方公里。山體是圓錐狀的，就像一把懸空倒掛著的扇子，「玉扇倒懸東海天」、「富士白雪映朝陽」等美麗的詩句都是讚美它的。山的四周有「富士八峰」：駒嶽、劍峰、大日岳、伊豆岳、成就嶽、久須志岳、三岳和白山嶽。

## 富士山的形成

富士山屬於典型的複式火山，從形狀上看，又是標準的錐狀火山，有著優美的輪廓。到現在為止，富士山的山體形成過程大致分了小禦岳、古富士和新富士三個階段。其中，小禦岳的年代是最為久遠的，形成於幾十萬年前的更新代。

古富士形成於 8 萬年前到 1.5 萬年前左右，由持續噴發的火山灰等物質沉降形成，高度接近達 3,000 公尺。古籍記載當時的山頂應該在現在的寶永火山口北 1 ～ 2 公里的地方。

新富士第一次噴發約在 1 萬年前，以後基本是冒煙或偶爾的噴發。幾千年來，新富士的熔岩和其他溢流岩已經將兩座老火山峰覆蓋住了，山坡被擴大到現在的範圍，山體成了現在的錐形。

## 富士山奇景

富士山美麗的景色吸引著眾多有人前來參觀。富士山北麓的是富士五湖，自東往西分別是山中湖、河口湖、西湖、精進湖、本棲湖，其中最大是面積為 6.75 平方公里的山中湖。湖畔有很多運動設施，遊客能打網球、滑水、垂釣、露營或者是划船等。湖東南的忍野村有 8 個池塘，總稱為「忍野八海」，和山中湖相連。

五湖中，河口湖是開發最早的，現在已經成為五湖觀光的中心。鵜島是五湖中唯一的島嶼，島上還有保佑孕婦能夠安產的神社。湖上有跨湖大橋，長達 1,260 公尺，湖中的富士山倒影是富士山的奇景。

西湖又叫西海，是五湖裡面最安靜的一個。傳說西湖與精進湖原本是連著的，後來，因為富士山噴發，分裂成了兩個湖，但是，這兩個湖的底至今還是相通的。湖邊有幾個風景區：如紅葉臺、足和田山、鳴澤冰穴和青木原樹海。

精進湖是五湖裡面最小的，但是風格卻是最為獨特的，湖岸有險峻的懸崖，地勢非常複雜。

本棲湖的湖水是最深的，可達 126 公尺。湖面終年都不會結冰，是深藍色的，有著深不可測的神祕色彩。

富士山的南麓是綠草如茵、牛羊成群的遼闊高原。西南麓有白系瀑布、音止瀑布。白系瀑布的落差是 26 公尺，在岩壁之上分成了 10 多條細流，就像無數的白練從天降下來，寬 130 多公尺的雨簾就形成了，非常壯觀；音止瀑布就像從高處沖擊而下的巨柱，聲如轟雷，驚天動地。

富士山還是一座天然的植物園，植物有 2,000 多種，呈垂直分布，500 公尺以下的是副熱帶常綠林，500 ～ 2,000 公尺的是溫帶落葉闊葉林，2,000 ～ 2,600 公尺的是寒溫帶針葉林，2,600 公尺以上的是高山矮曲林帶。

## 延伸閱讀——火山錐的類型

火山錐有 3 種基本類型。全部或者說基本上是由多層的鹼性熔岩構成，屬於熔岩錐，扁平的，坡度比較緩（2°～ 10°），頂部有碗狀的火山口，規模巨大的那個叫作盾形火山。全部是由火山碎屑構成的，屬於碎屑錐，近似一個圓形，坡度大約是 30°，頂部有漏斗狀火山口，是熔岩和碎屑互層構成，叫作複合錐或層狀火山錐，坡度超過 30°，形狀對稱，上部多是熔岩，下部、邊緣主要是火山碎屑，火山口是碗狀或漏斗狀的。有些火山錐的坡上還有些小型火山錐，通道是與主火山錐相連的，沒有獨立岩漿源，小型火山錐還稱為「寄生錐」。

## 喀拉喀托火山

喀拉喀托火山島位於印尼爪哇與蘇門答臘兩島之間的巽他海峽上，這個火山島雖然不大，但這裡曾在 1883 年發生過世界上有史以來最壯觀的火山大爆發。據記載，火山爆發時噴發出的岩漿達 18 立方公里，發出的巨響一直傳到了亞洲大陸和澳洲，火山灰遠遠地飄到歐洲和拉下美洲的西海岸。

### 最猛烈的一次火山噴發

喀拉喀托火山是亞洲活火山，於第四紀噴發，也是近代噴發火山中最猛烈的一座。最初，火山口以及火山錐都淹沒在海中，露出海面的部分形成小島。後來，火山再次噴發，老火山口內就形成了一些新火山錐，它們共同組成了這個島嶼。

1883 年之前，喀拉喀托火山唯一一次被證實的噴發是在 1680 年，那次是中等程度。1883 年 5 月 20 日，該火山爆發錐再次活躍，160 公里之外的巴達維亞都能聽到爆炸聲。但 5 月末，火山活動就平息下來了。6 月 19 日，火山又一次活躍，8 月 26 日就成了陣發性的噴發。那天下午 1 點開始，該火山首波特別強烈的爆炸發生了；下午 2 點，火山灰竄升到了喀拉喀托上 27 公里的高空。

8 月 27 日上午，噴發最劇烈，發生了許多巨大的爆炸，3,500 公里之外的澳洲都能夠聽到，火山灰噴到高空 80 公里。直到 8 月 28 日，火山才回復平靜。此後幾個月內以及 1884 年的 2 月，小噴發的狀況出現過好幾次。

## 火山噴發造成的後果

這次巨大的噴發後，僅有一座小島保留在一塊盆地內，盆地由 250 公里深的大洋水覆蓋，島的最高點在水面以上約 780 公里處。維爾拉登島、朗島和拉卡塔島殘存的南部積留了 60 公里厚的火山灰和浮岩塊，經分析發現，這些物質中很少含有原中央火山錐的岩屑構成；其中舊岩石的碎塊總計不到該島丟失部分的 10%。這種物質大部分是從地殼深處湧上來的新岩漿，由於岩漿中所含氣體的膨脹，多數都形成了浮岩，或被完全炸開後形成火山灰。舊火山錐並沒有像人們想的那樣被炸到天空，因為有大量岩漿從底層湧出，導致火山頂崩塌後無法回沉下去。

這次喀拉喀托火山爆發還引發了強烈的地震與海嘯，激起了高達 30 ～ 40 公尺的海浪，附近很多城鎮、村莊都被摧毀，死亡人數高達 3 萬多人。

1928 年，火口湖中又冒出了一座新的山峰，被命名為喀拉喀托。此後，在 1935、1941 年火山又發生多次噴發。20 世紀中後期，噴發活動仍在進行，平時也有蒸氣冒出。

### 延伸閱讀 —— 火山造成的奇觀

儘管火山噴發可能會導致很多不好的後果，但也能造就許多自然奇觀。

間歇泉屬於火噴發後期出現的自然現象。地下的高溫加熱了地下水，到達一定壓力之後，水與蒸氣就從噴口沖出來，壓力釋放、降低，隨即停止，下一輪循環又開始。美國黃石公園中的間歇泉就是因為火山噴發所造成的，其中有些可噴射到 100 多公尺高。有些火山口底部有岩漿湖，就像一鍋滾開的開水一樣，夏威夷島基拉韋厄火山口的直徑達 4,000 多公尺，深達 130 公尺，在「大鍋」底部的是一片 10 多公尺深的岩漿湖，有時，湖上還會有數公尺高的岩漿噴泉出現。

中國黑龍江省有一處「地下森林」，由 7 個死火山口演變而來。火山的噴發物在風化後變為肥沃的土壤，一些植物就在噴發後的大坑裡發芽、生長，現在很少能發現地下森林。

有些火山口堪稱是大自然的鬼斧神工之作，如號稱「世界第八奇蹟」的恩戈羅恩戈羅火山口，深達 600 多公尺，上面直徑為 18 公里，面積 254 平方公里，底面積為 260 平方公里，簡直如一口筆直的巨井。在這「井」裡卻生活著獅子、水牛、斑馬、長頸鹿等動物，像一個熱鬧非凡的動物園。世界上最大的破火山口是日本九州上的阿蘇火山，這個火山口東西方向 17 公里，南北方向 25 公里，周長 100 多公里，從中可以想像當時爆發的巨大威力。

## 長白山火山群

長白山火山群在吉林朝鮮族自治州的安圖縣與白山市的撫松縣，因為主峰上白頭山上有很多白色的浮石和白色的積雪，所以得名，它是中國和北韓兩國間的界山，是「關東第一山」。它是休眠火山，因獨特的地形結構，有著與其他山脈不同的美麗景觀。主峰的海拔達 2,691 公尺，其他還有 16 座海拔 2,500 公尺以上的山峰。長白山天池是長白山最著名的景觀。

長白山火山是中國目前發現中，保存最完整的、新生代多成因的複合型火山，1199～1201年，該火山的噴發是世界上2,000年以來最大的噴發事件，當時連日本海和日本北部都有該火山的火山灰降落。

## 長白山火山群的產生與噴發

休眠火山長白山屬於古夏大陸。6億年前的這裡還是一片汪洋大海。無古代到中生代這段時間，地球曾經歷燕山和喜馬拉雅造山運動，海水才從這片古陸上退去，長白山區的地殼發生了一系列的斷裂，還有抬升，地下流出的玄武岩漿液沿地殼裂縫大量噴出地面，於是導致長白山噴發。火山噴發的總能量雖然減弱了，但由於噴出的岩漿由鹼性轉為酸性，黏稠度加大，常常堵塞住火山噴發管道，這時巨大的力量衝破阻力，噴發便以爆發式進行，爆發也變得更加猛烈。

長白山火山雖然有過多次的噴發，但也曾有過較長時間的間歇。從16世紀起，該火山在1597年8月、1688年4月、1702年4月曾有過3次噴發，最近的一次也已經是300多年前了。火山噴發出的物質堆在火山口附近，使山體更加高聳，同心圓狀的火山錐體形成。火山口的積水匯成一個湖，就是有名的長白山天池（也稱龍潭、圖們泊），它是中國最大的也是最深的火山口湖，也是中國與北韓兩國間的界湖。

山頂則堆滿了灰白色的浮石和火山灰，再加上常年累月都有白雪，遠遠望去就是一座有著皚皚白雪的山峰，長白山也因此而得名。

## 長白山天池

長白山天池是中國最深的湖，在1702年長白山火山噴發後，由火口積水形成的，在長白山主峰白頭山的山巔，湖面的海拔是2,155公尺，湖面面積達 9.2 平方公里，湖水平均水深是 204 公尺。湖周圍有百丈的峭壁，還有群峰環抱。晴天的時候，峰影和雲朵倒映碧綠的池水中，色彩華麗。曾傳說在湖中有個怪獸，至今還是個謎。天池周圍還有長白溫泉帶、小天池鏡湖等許多美景。

水從一小缺口中溢出，又從懸崖上傾瀉下來，形成了長白山大瀑布。天池旁邊還有一個小天池，稱為長白湖，水也是碧藍的。在樹林間，還有嶽樺瀑布和梯雲瀑布，規模較大。

此外，離長白瀑布不遠處的是長白山溫泉，那是 1,000 多平方公尺的溫泉群，一共有 13 個泉眼往外湧水。

史料記載天池的水「冬無冰，夏無萍」。冰層一般能厚達 1.2 公尺，且結冰期能長達 6 ～ 7 個月。不過，天池溫泉帶中的水溫卻能常保持在 42℃，即使隆冬時節，這裡也是熱氣騰騰，故有人又將天池稱為溫涼泊。

## 長白山大峽谷

長白山大峽谷其實是火山爆發所形成的地裂帶，它是錦江的上源，長約 60 公里，最寬處 300 多公尺，而最窄處僅幾公尺，垂直深度約 150 公尺。峽谷兩岸有茂密的大森林，樹木筆直又粗壯。因谷上低溫潮溼，這片樹林中還有很多蒼老的苔蘚、白絲、蘑菇等。

大峽谷非常壯觀，因為以嶂谷和隘谷為主，所以峽谷兩的側，特別是底河的兩岸，谷坡異常地陡峭，多年受到寒凍侵蝕與歲月的剝蝕，峽谷中冰緣岩柱成了多姿的自然奇觀。溶岩林千姿百態，或像月亮、或像金雞、或像駱駝、或像觀音、或像依戀情人的女孩、或像母親懷中的孩子……大自然真是鬼斧神工，在長白山的深處竟會有這樣瑰麗的景象。面對這錯落有致的石林群雕，人們給它們取了很多名字：城堡峰、長城峰、女媧峰、五指峰、駱駝雙峰、雙象吸水、觀音遙拜圖、仙人相約圖像、豹嬉戲圖、百獸聚會圖等，這些都是壯美的自然景觀，人們豐富的聯想，也是發自內心的讚嘆。

### 延伸閱讀 —— 長白山水怪之謎

1980 年 8 月，一位的老作家（是來這裡體驗生活的）在從 500 多公尺高處俯瞰時，發現在近 1 公里外，水面上有個動物，像牛那麼大、顏色深黑，正飛速向他所在的天池北岸游過來，身後一條百公尺長的喇叭狀划水線被托起。

長白山天池地處海拔 2,000 多公尺的高寒山區，氣溫、水溫都很低，怎麼會有這麼大的生物呢？很快，又有多位目擊者分別證實也在天池中看到了「水怪」，模樣與史前生物蛇頸龍極其相似。這件事在當時也曾轟動一時，關於「水怪」現象也是眾說紛紜。

然而 20 多年過去了，這個謎團始終未能解開。

2005 年 7 月，這個神祕生物又出現了，這一次終於有人拿到證據。一位在山頂經營出租望遠鏡的人說，當時，「水怪」在北韓一側的水面出現，離岸邊的距離有 100 多公尺。牠竄來跳去，像魚兒一樣。用望遠鏡看，黑乎乎的，不太大，但是具體是什麼東西還看不清，既像恐龍又像水牛，絕對不是魚。在水中游了 10 分鐘後，「水怪」才消失。長期以來，「水怪」一直是該高山湖泊的不解之謎。但是，從上個世紀初的地方文獻記載到近幾十年無數人的目擊來看，天池「水怪」的存在是不爭的事實。到底是什麼動物還需要進一步觀察研究。

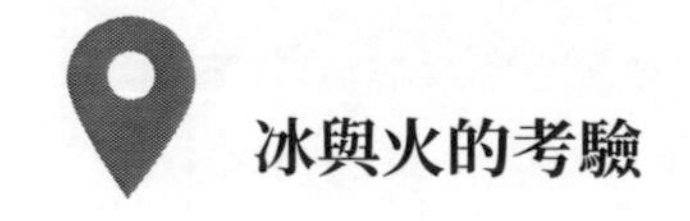


# 東格里羅國家公園

東格里羅國家公園在紐西蘭北島羅托魯瓦的陶波地熱區南面，約占地 40 萬公頃，為紐西蘭國家公園。它是很有特色的火山公園，有 15 個火山口，其中有 3 個活火山（東格里羅、恩奧魯霍艾和魯阿佩胡火山）非常著名。

魯阿佩胡火山是北島最高處，海拔達 2,796 公尺，山頂終年積雪，是一個滑雪勝地，還是僅 75 萬年的「年輕」活火山。

## 東格里羅公園的來歷

東格里羅火山海拔 1,968 公尺，峰頂廣闊，有西口、紅口、北口、南口、中口一系列的火山口，還有許多間歇泉向空中不停地噴射沸水，以及許多泥塘沸騰翻滾，向上冒泡。氣泡的爆裂聲非常大，導致空氣中充滿了濃烈的硫磺味。有傳說稱，恩加圖魯曾率領毛利人移居這裡，在攀登頂峰時遭遇風暴，生命垂危，於是向神求救，神被他的精神打動，邊將滾滾熱流送到山頂，使他復甦。熱流經過的地方就變成熱田。由於這股風暴叫做東格里羅，該山也就叫了這個名字。1887 年，毛利人維護山區的神聖性，不允許歐洲人將山分割賣出，於是以這 3 座火山為圓心，半徑約 1,600 公里的區域獻給了國家，這裡就成了國家公園。1897 年，紐西蘭政府將這裡正式開闢成了東格里羅公園。

該公園是一片火山園林的風光，由火山灰鋪成的銀灰色大道在山間蜿蜒盤旋，峰頂有皚皚白雪，景色壯觀。天然森林蒼翠，群山層巒疊嶂，草原綠草茵茵，湖泊綠波蕩漾，湖中有島，島中還有湖，還有些許人工修飾，真是婀娜多姿。

公園裡還棲息著紐西蘭特有的國鳥——「幾維」鳥。牠是紐西蘭的象徵，國徽和硬幣都用牠來標記。園內還種奇異果，是紐西蘭國家重要出口商品。

## 火山的分布

東格里羅、瑙魯赫伊和魯阿佩胡三座火山是東格里羅國家公園裡最有名的。1887 年，原住民毛利酋長把東格里羅山獻給了政府。100 多年後，東格里羅公園被評為世界歷史遺產地，這裡的自然和文化重要性就確立了。

瑙魯赫伊是 3 座火山中最為壯觀的。該火山是圓錐形的，山坡非常的陡峭，頂部有半徑 200 公尺的火山口，它是典型的圓錐形火山。瑙魯赫伊火山煙霧騰騰，常年不息，只有在很少的晴天，人們才能看到積雪的山腰和頂峰。19 世紀初以來，它一直處在活動狀態中，噴發時熔岩順著山坡流下，火山的形狀都發生了改變，甚至火山口本身的形狀也不斷地發生變化，主火山口內生成了新的次生火山錐。

根據毛利人的傳說，瑙魯赫伊火山的活動是由首領恩加圖魯帶到北島來的。他從氣候溫暖的家鄉波利尼西亞朝南旅行，遠遠就看見了這些白雪皚皚的山峰，於是就帶著女奴瑙魯赫伊出發登山，並吩咐其餘隨從在他登山時齋戒。然而，隨從們並沒有遵從他的吩咐齋戒，使得神靈非常生氣，突降暴風雪，把他們凍成了冰柱。恩加圖魯知道了這件事，向神靈祈求原諒。於是神靈將火送到山頂，火種變成巨大的火柱，從火山口噴出，將眾人救活。為了答謝神靈的救助，恩加圖魯將女奴的屍體扔進火山口。為了記念這個女奴，還以她的名字命名其中的一座火山。

毛利人把這些火山都視為聖地，並竭力阻止歐洲人攀登。英國植物學家在 1839 年登上瑙魯霍伊山的頂峰。原住民族很憤怒，比德威爾解釋說他並沒有損害火山。這裡是毛利人的聖地，但並不是白種人的。

魯阿佩胡火山則是紐西蘭北島的最高點，曾在 1945 年噴發，那次噴發有近 1 年之久，火山灰和黑色氣體甚至飄到了首都威靈頓。1975 年，火山又一次噴發，氣柱達 1,400 公尺之高。1995 年 9 月、1996 年 6 月又噴發過兩次。「魯阿佩胡」在原住民族毛利語中的意思是「噴火的火口」，恰如其名它至今還在冒著煙。

**延伸閱讀 —— 信天翁**

大型海鳥信天翁屬於信天翁科，現在全球約有 10 幾種。身為最擅長滑翔的鳥類之一，牠在有風時，能停留在高空一連幾個鐘頭，翅膀一點都不動。可是，沒有風時，靠翅膀在支撐自己的身體就比較難了，所以牠們會浮在水面。

像所有海鳥一樣，信天翁也是以海洋為生，主要食物是魷魚，牠們還會跟隨船隻，吃船上拋下的食物。

信天翁通常只有在繁殖的時候才飛回陸地，平時都是成群結隊地飛到遙遠的海島上，在那裡進行交配，然後，雌鳥在光禿禿的地面上或者在築好的巢裡產下大而白的蛋，再由雄鳥與雌鳥輪流進行孵化。小信天翁生長很慢，特別是那些體型較大的，3 ～ 10 個月的生長，羽毛才能豐滿，開始學飛；在海中生活 5 ～ 10 年之後才能像父母那樣到陸地上去繁殖後代。

皇家信天翁的翼展長度是 3.15 公尺，體型比較大，羽毛是白色的，翅膀兩端有點黑，牠們僅在紐西蘭以及南美洲的南端進行繁殖。

# 瓦特納冰河

在冰島的南部有歐洲最大的冰河，在世界冰河的排名中名列第三，它就是瓦特納冰河。瓦特納冰河是面積巨大的冰河，僅次於南極大陸冰河和格林蘭島冰河。在冰島本國，該冰河就占了全部國土的 1/12。

瓦特納冰河不僅面積大，而且海拔也比較高。它的平均海拔約 1,500 公尺，冰層的平均厚度約 900 公尺，有些地方甚至超過了 1,000 公尺。在冰島，因瓦特納冰河是最大的冰冠，人們都稱它為「冰與火之地」。值得一提的是，在這個巨大的冰河之中分布著熔岩流、火山和熱湖。其中有一個巨大的火山口是格里姆火山口。

## 巨大的冰河

瓦特納冰河是冰島巨大的冰庫，其冰塊之多幾乎相當於整個歐洲其他冰河的總和。從它的覆蓋面積來看，差不多等於英國威爾斯或美國紐澤西州的一半。其平滑的冠部更伸展出許多大冰舌。這是一片荒漠的景象，除了一些小山區，基本上是厚度達 900 公尺的白色平原，平原之上罕見植物，幾乎寸草不生。

瓦特納冰河的東南兩端各有布雷達梅爾克冰河和斯凱達拉爾冰河。東端的布雷達梅爾克冰河有蜿蜒曲折的條狀岩石及從高地山谷沖刷下來的泥土。冰河的末端是個潟湖。偶爾巨大而堅硬的厚冰塊從冰河分裂出來，水花四濺發出巨響，形成了一座座冰河，漂浮在潟湖上。在這兩條冰河之間有一個小冰冠，名為厄賴法冰河，覆蓋著與冰河同名的火山。厄賴法火山的高度在歐洲排名第三，它曾在 14、18 世紀時先後有過兩次毀滅性的爆發。

瓦特納冰河永不靜止的特性是冰島的典型風光。目前，瓦特納冰河每年仍以 800 公尺的速度流轉入較溫暖的山谷中。當它在崎嶇的岩床上滾動時，會裂開而形成冰隙。冰塊在抵達低地時逐漸融化消失，留下由山上刮削下來的岩石和沙礫。

## 冰河下「熱源」

在地質學上，冰島的形成時間並不是特別長，而且仍在繼續變化著。冰島的下方是一個塊 6,400 公尺厚的玄武岩。在 2,000 多萬年以來，大陸不斷漂移，歐洲與北美洲相反移動造成了大西洋海嶺上出現了一處很深的裂縫，於是這個巨大的玄武岩就隨著岩漿上湧而升起。在上次冰河時期的 200 多萬年間，冰島上的火山岩表被厚達 1,600 公尺的冰河鑿開；冰期在約 1 萬多年前才結束。冰島的中心地帶分布著大量的火山、火山口和熔岩，約有 1/10 的土地被熔岩所覆蓋。

格里姆火山是瓦特納冰河下最大的火山，這座火山是週期性爆發的，周圍的湖泊就是岩漿融化其周圍冰層的結果。由於湖的周圍是冰，在湖水的融化作用中很容易突破，所以很容易引起洪災。

格里姆火山口內的熱湖深 488 公尺。湖泊被 200 公尺厚的冰所覆蓋，但來自底下的熱量使部分冰融化了。冰變成水後便占據了更大的空間。在格里姆火山口，不斷增大的水量最終會衝破冰層。這種猛烈的噴湧使水流帶走了其路徑上的一切，包括高達 20 公尺的冰塊。20 世紀以來，格里姆火山每隔 5 ～ 10 年就爆發一次。在瓦特納冰河上正是火山噴發的火焰和冰河上冰塊的移動共同塑造了這裡奇幻般的風景。

## 延伸閱讀 —— 北極熊

北極熊生活在包括冰島在內的整個北極地區。北極熊以捕食海豹為生，特別是環斑海豹。緊靠著海洋，有一塊塊斷裂開來的浮冰和來這裡繁衍的海豹。北極熊常趴在冰面上的海豹通氣孔旁等著，或是當海豹爬上冰面休息時就躡手躡腳地撲過去。

北極熊為了覓食而長途跋涉，路程長達 70 公里。牠們每天都找尋食物。當冬天海水結冰，浮冰面積擴大時牠們會向南遷徙，夏天再回到北邊。初冬時分，雌熊便不再四處遊蕩，牠會在雪地上挖一個洞，在洞裡產下 2 ～ 3 隻熊仔。熊媽媽乳汁中脂肪的含量很高，靠著這麼豐富的營養，熊仔會迅速長大，並能保持體溫。在 3 ～ 4 月時，牠們便從積雪的家中走出來，此後再跟母親一起呆上兩年。

北極熊很適應寒冷地區的生活。它們那白色的皮毛與冰雪同色，便於偽裝，而且又厚又防水。皮下的脂肪層可以保暖。除了鼻子、腳板和小爪墊，北極熊身體的每一部分都覆蓋著皮毛。多毛的腳掌有助於在冰上行走時增加摩擦力而不滑倒。捕獵北極熊現在受到了嚴格控制。北極的原住民族 —— 伊努特人，每年仍捕殺少量的北極熊，他們用北極熊的毛皮制衣。除了北極熊那因維生素 A 含量過高而有毒的肝，其他部分都能食用。

# 西塔斯馬尼亞國家公園群

在澳洲南部的塔斯馬尼亞島有一處澳洲很重要的保護區，該地面積約 7,700 平方公里，它就是著名的西塔斯馬尼亞國家公園群。

在這個國家公園群中，有 3 個幾乎尚未被開發的公園：西南國家公園、富蘭克林－夏戈登・威爾德河國家公園和克雷德爾山－聖克雷爾湖國家公園。這一帶曾經歷過強烈的冰河作用，當地的溫帶雨林是世界上現存的最後幾個溫帶野生地區之一。

## 克雷德爾山－聖克雷爾湖國家公園

克雷德爾山－聖克雷爾湖國家公園是西塔斯馬尼亞最引人矚目的地區之一，它是塔斯馬尼亞島地勢最高的地區，面積約有 1,600 多平方公里，位於澳洲的塔斯馬尼亞州。

在這個公園內有陡峻的、鋸齒狀的山峰（以島上的最高峰海拔 1,617 公尺的奧薩山為中心，數十座海拔超過 1,300 公尺的山峰排成一列，景色異常壯麗），深深的冰蝕谷地以及冰斗湖，浩瀚荒蕪的沼澤以及豐富的野生動物。

這裡的冰河在最後一次冰期末後退迅速，這些可以從貧瘠的土壤和破碎的岩面看出來。這也說明這是澳洲受冰河侵蝕最強烈的地區之一。但這裡並不是一派荒漠，每到春天和初夏，這裡的有大量的野花開放。這裡還有一種塔斯馬尼亞特有的落葉樹種山毛櫸，它的葉子的顏色在秋天時會逐漸加深，從碧綠色變為金黃色和紅色。

## 現代冰河

西塔斯馬尼亞國家公園裡最奇特的景觀就是現代冰河塑造的景觀。

國家公園的中央部分由一系列的高山和山脈組成，其中包括奧薩山、弗雷奇曼 · 恰普山、拉佩羅茲山，以及德尼松山脈和威士坦阿薩山脈，這一地帶包括了 20 多座海拔超過 1,300 公尺的山峰。在高山峻嶺之間，由於冰河順坡而下，岩石表面遭到侵蝕，形成了大峽谷和冰蝕湖（澳洲最深的湖泊 —— 聖克雷爾湖，就是一處冰河湖）。

另外，昆士蘭州的約克角外，此地是澳洲降水最多的地區，大量的降水化為引人入勝、各式各樣的激流和瀑布。

## 動植物狀況

西塔斯馬尼亞國家公園中的植物種類繁多，主要以溫帶原始雨林和稀疏的尤加利樹林為主，其中有些樹木是世界上最古老的樹種。此地土生土長的植物有 165 種，少數為西南地區獨有的植物種類。

公園內還有為數不多的瀕危珍稀動物，其中著名的有世界上最大的有袋目食肉動物袋狼，以及花尾無尾熊等珍稀動物。園內動物中有 21 種土生哺乳類動物，約占塔斯馬尼亞地區已知哺乳類動物的 60%。

此外，被稱為「塔斯馬尼亞惡魔」的袋獾等野生動物也可以在這裡觀賞到。

### 延伸閱讀 —— 袋獾

被稱為「塔斯馬尼亞惡魔」的袋獾是大型的有袋食肉動物。牠有銳利的爪子和牙齒，強壯而兇悍。它的食物不限於各種小型動物，有時候其他動物的屍體也會成為它的盤中餐。袋獾原本廣

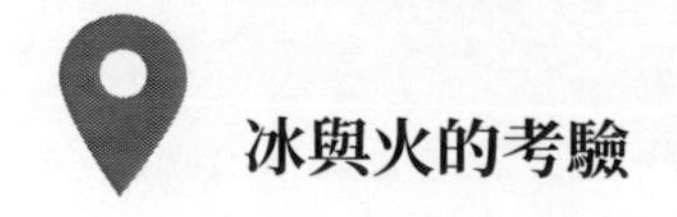


泛分布於澳洲大陸，但現在僅塔斯馬尼亞島能夠見到。

袋獾身長 52.5 ～ 80 公分，尾長 23 ～ 30 公分，體重 4.1 ～ 11.8 公斤。體毛深褐色或灰色，在喉部及臀部具有白色塊斑，嘴為淺粉色。其體形像鼬科動物，腹部有育兒袋。

這種動物經常出沒於灌木與高草環境中，白天隱匿晚上覓食，牠在行走的時候總是不停的嗅著地面。牠以肉食為主，偶爾吃植物，每年 3 月分開始繁殖，懷孕一個月後，可產下 2 ～ 4 個重 0.18 ～ 0.29 公斤的幼仔。幼仔在育兒袋中生活 3 個月後離開育兒袋，但整個哺乳期達 8 個月。

# 高山與低谷

# 聖母峰

喜馬拉雅山脈中有 50 多座海拔 7,000 公尺以上的高峰，有 16 座 8,000 公尺以上的，如希夏邦馬峰和干城章嘉峰等。「喜馬拉雅」在藏語中的意思是「冰雪之鄉」。那裡被冰雪覆蓋，冰峰一座座，就像一把把倚天的寶劍，冰河一條條，就像蜿蜒曲折的銀蛇。最高聳的是中國與尼泊爾邊界上的聖母峰，它海拔 8,848.86 公尺，是世界最高峰。

聖母峰的高度還會隨時間推移，因為地理板塊運動而不斷地增高。雖然聖母峰是世界的第一高峰，但峰頂並不是離地心最遠的，最遠的是南美洲的欽博拉索山。聖母峰的高大巍峨，對當地乃至整個世界都有著顯著影響。

## 年輕的聖母峰

研究發現，整個喜馬拉雅山脈連帶它的主峰——聖母峰，全部都是從南半球經過印度板塊的推擠，飄洋 2,400 公里來到這裡的。在飄洋的同時，又因受到歐亞板塊反作用力的阻擋，使得聖母峰慢慢抬高升起。雖然在山南和山北有很多斷層，幫助消除了相當一部分地球內部的作用力，但最後它還是被抬升成世界第一高峰。當然，在抬升過程中也有來自地球內部向上穿越的花崗岩岩漿的頂托作用。現在我們所看到的聖母峰的「頸部」（海拔 8,700 公尺「第二臺階」）和頂部全屬於奧陶紀灰岩，事實上 8,500 公尺上的都是奧陶紀灰岩。聖母風「身體」部分來自於地球裡面的花崗岩以及變質岩，以及片麻岩和眼球狀片麻岩為主，它們都是原始的沉積岩，因為遭受過花崗岩的侵入，再加上區域地質事件，原來的性質發生改變。東絨布冰河一面，以深灰黑色的岩石為主，那些也是片麻岩。人們去西絨布冰河考察就能見到大量的發黃色岩石，那些是花崗岩。

聖母峰冰雪世界的代表是冰塔林，它是喜馬拉雅山北面最有特色的冰河。低緯度氣候乾燥而海拔較高的地區，因為太陽入射角度較高，輻射能夠從冰河的上面一直射進冰河的裂隙中，從上而下的消融發生了，將冰塔林顯得高聳陡峭，冰塔林也因此成了林。任何一個條件不能滿足，緯度偏高或太陽入射角偏小或者冰河面是從側面開始融化，這樣所形成的冰塔林就不會高且陡峭。聖母風北面具備了前面提到的多種條件，所以，那裡的冰塔林又高又美。

## 不斷上升的聖母峰

聖母峰周圍呈輻射狀地伸展著許多條規模巨大的山谷冰河，長度在 10 公里以上的有 18 條，末端約 3,600 ～ 5,400 公尺。北坡的中絨布冰河、西絨布冰河、東絨布冰河以及 30 多條中小型支冰河組成的冰河群是最著名的。

聖母峰附近 5,000 平方公里內有冰河覆蓋的約 1,600 平方公里。很多大冰河的冰舌區禮還有冰塔林的而存在。此外，古冰河活動遺跡如冰河槽形谷地、冰河、冰水侵蝕堆積平臺、側磧和終磧壟等在這裡也屢見不鮮。峰頂的寒凍受風化較強烈，岩石嶙峋，有危立高聳的角峰和刃脊，還遍布著岩屑坡和石海。土壤的表層因反覆的融凍形成了特殊的冰緣地形現象如石環、石欄等。

聖母峰屬於典型斷塊上升型的山峰。在前寒武紀變質岩系的基底與上覆沉積的岩系之間的是沖掩斷層帶，早古生代地層就是順著該帶從北向南推覆到元古代地層上的。峰體的上部是奧陶紀早期或者寒武一奧陶紀的鈣質岩系，峰頂是灰色的結晶石灰岩，峰體的下部是寒武紀的泥質岩系，還有侵入的花崗岩體和混合岩脈。岩層向北傾斜，傾角較平緩。自始新世中期結束，聖母峰開始急劇上升，上新世晚期到現在上升了約 3,000 公尺。

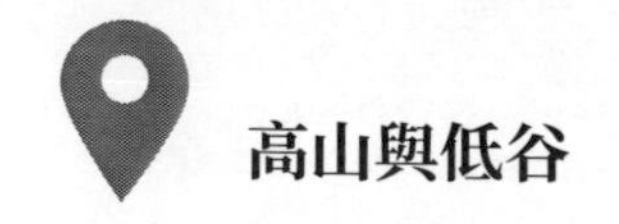


而且，因印度板塊與亞洲板塊按每年 5.08 公分的速度相互靠近、擠壓，也使喜馬拉雅山脈不斷上升，每年約升高 1.27 公分。

## 聖母峰的氣候如何

聖母峰山體是金字塔狀的，上面有冰河，最長可達 26 公里。山峰終年被冰雪所覆蓋，地形非常陡峭，是登山運動矚目的地方。

聖母峰地區和它附近的高峰氣候多變，一天之內也是變化莫測，一年四季之簡直變化無常了。基本來說，每年 6 月初至 9 月中旬為雨季，此時強烈的東南季風造成暴雨頻繁，雲霧瀰漫。到了 11 月中旬和隔年 2 月中旬，因為受強勁的西北寒流影響，山峰溫度可降至 -60℃，平均氣溫在 -40℃～ -50℃之間。而每年的 3 月初至 5 月末，這裡是風季過度至雨季的春季，9 月初到 10 月末是雨季往至風季過度的秋季。這段時間可能會有幾天的天氣較好，所以是登山的最佳季節。

## 高原奇觀—聖母峰旗雲

遠眺聖母峰，顯得神奇而美麗，無論是雲霧之中的山巒奇峰，還是耀眼奪目的冰雪世界，都會引起人們莫大的興趣。但還是飄浮在峰頂的雲彩更能引起人們的興趣，雲彩就如同峰頂上飄揚著的旗幟，所以有了「旗幟雲」或「旗狀雲」的稱呼。

聖母峰上方的旗雲形態萬千，時而如同一面旗幟迎風招展，時而又如同波濤洶湧的海浪，時而又成了上升嫋娜炊煙；一會像萬里奔騰的駿馬，一會兒又像輕舞的面紗。這些都為聖母峰增添了絢麗、壯觀的色彩，說它是世界第一大自然奇觀也不足為過。

經驗豐富的氣象工作者與登山隊員常會據雲飄動的位置以及高度，推斷峰頂高空的風力，旗雲飄動的地點越向上掀，表明風力越小；越往下傾，風力越大；若是與峰頂平齊，風力幾乎是 9 級；若旗雲由峰頂東南側往西北移，說明高空吹東南風，低壓系統將要到來，低壓過境就出現降雪。

旗雲變換能反映高空氣流的變動情況，所以聖母峰的旗雲還有「世界上最高的風向標」的美稱。

### 延伸閱讀 —— 絨布寺

絨布寺位於聖母峰下絨布溝東西側的「卓瑪」（度母）山頂，海拔 5,800 公尺，地勢高峻寒冷，是世界上海拔最高的寺廟。

絨布寺始建實在 1899 年，是紅教喇嘛阿旺丹增羅布創建的，當時的海拔是 4,980 公尺。儘管不是很古老，但卻是世上海拔最高的寺廟，景色獨特，所以很著名。這裡曾住著僧尼 500 多名，現在僅剩下 50 多名而已。

絨布寺是依山而建，一共 5 層，現在使用的只有兩層。據說當初把寺廟建得那麼高，主要是想圖個清靜，方便休息。這裡信奉寧瑪派，瑪尼堆是當地佛教信徒為自己祈求好運用的。

若從北坡攀登聖母峰，絨布寺是本營。站在這裡眺望南面，能看到像一座巨大金字塔的山體屹立在群峰之間。天氣晴朗之時，還能看到山頂乳白色的雲團，就像一面白色的旗幟上空飄揚，是「世界上最高的旗雲」，屬於世界一大奇觀。

絨布寺腳下的絨布河是冰水河流，是由珠峰北坡的三大冰河（東絨布冰河、中絨布冰河、西絨布冰河）的部分泉水匯集而成。

絨布寺距聖母峰峰頂約 20 多公里，自古以來，藏族人民就把聖母峰尊為神明。西藏佛教噶舉派祖師 —— 密勒日巴曾經在聖母峰的山洞中修行了 9 年。

# 阿爾卑斯山

歐洲最高大的山脈是阿爾卑斯山，位於歐洲南部，弧形向東西延伸。山脈約長 1,200 多公里，平均海拔在 3,000 公尺左右，白朗峰是最高峰，海拔 4,807 公尺。該山雄偉幽美，很多高峰、終年積雪，是西歐自然地理區中最著名景觀。

## 山脈的形成原因

阿爾卑斯山脈屬於古地中海。1 億 8 千萬年前，因為板塊運動，北大西洋擴大，南面的非洲板塊往北推進，古地中海下的岩層受到擠壓彎曲，向上拱起，造成了非洲與歐洲間發生相對運動，阿爾卑斯山系就這樣形成了。阿爾卑斯山發生造山運動時，一種褶皺與斷層相結合的大型構造 —— 推覆體又形成了，一些巨大岩體就被掀起，移動了 10 多公里，將其他岩體之覆蓋住，大型水平狀的平臥褶皺就形成，推覆體構造的典型代表就是西阿爾卑斯山。

阿爾卑斯山脈在更新世時是歐洲最大的山地冰河，覆蓋的冰雪厚達 1,000 多公尺。除了少數高峰露出冰面，構成島狀山峰之外，還發育著各種類型冰河地形，特別是冰蝕地形。許多山峰岩石嶙峋，角鋒尖銳，挺拔峻峭，並形成多種冰蝕崖、U 型谷、冰斗、懸谷、冰蝕湖等地形。現今，這裡還有 1,200 多條現代冰河，總面積約 4,000 平方公里，其中以中阿爾卑斯山麓瑞士西南的阿萊奇冰河最大，長約 22.5 公里，面積約 130 平方公里。

除了主山系外，阿爾卑斯山還另外有 4 條支脈伸向中南歐各地：山脈主幹往西南方延伸的那個是庇里牛斯山脈，往南延伸的那個是亞平寧山脈，往東南方延伸的那個是迪納拉山脈，往東方延伸的那個是喀爾巴阡山脈。山脈分成三段，西阿爾卑斯山從地中海岸起，經過法國東南部與義大利西北部，一直到瑞士大聖伯納德山口，是山系中最窄的，同時也是高峰最為集中的一段，這段位於法國與義大利邊界的白朗峰在整個山脈是最高的。中阿爾卑斯山在大聖伯納德山口與博登湖之間，寬度是三段中最大的，著名的有馬特峰、蒙特羅莎峰。東阿爾卑斯山在博登湖的東面，海拔比西、中兩段都低。

## 阿爾卑斯山的氣候環境

阿爾卑斯山脈所在的地方及各山脈的海拔、方位不同，所以不僅不同的小山脈間氣候不同，某一特定小山脈範圍的氣候也可能極為不同。所以阿爾卑斯山脈的氣候作為了中歐溫帶大陸性氣候與南歐副熱帶氣候的分界，山地氣候冬涼夏暖。大致每升高 200 公尺，溫度就下降 1°C，海拔 2,000 公尺處年平均氣溫為 0°C。

阿爾卑斯山地區溼度大，年降水量約 1,200 ～ 2,000 毫米，海拔 3,000 公尺左右的地方是最大的降水帶，邊緣的年降水量與山脈內部的年降水量差異很大。海拔 3,200 公尺以上的地方終年積雪。

阿爾卑斯山區常有焚風出現，從而引起冰雪迅速融化或雪崩，造成災害。焚風能持續 2 ～ 3 天，風向因氣旋軌跡不同而有所不同，有些為南－北向，有些是北－南向。這種焚風的氣團在爬上山頂過程中會被冷卻，此時就會帶來降雨或降雪，並延緩其冷卻速度。當這種比較乾燥的空氣在背風面降落時，空氣由於壓縮而按常速變暖，所以，空氣比開始流動時海拔高度相同地方的溫度略高。受到影響處的雪就會迅速地消失。

雪崩也是阿爾卑斯山經常有的自然現象之一。在每年的 11 月末到隔年 6 月初的這段時間，經常發生雪崩，不僅會造成山脈大面積的毀壞，還會將大量岩石從山坡帶到谷底，是侵蝕作用的重要催化劑。

阿爾卑斯山的植被呈現出很明顯的垂直方向變化，分為副熱帶常綠硬葉林帶和森林帶，下部為混合林，上部為針葉林；森林帶以上的是高山草草帶，在這之上多的是裸露的岩石與終年積雪的山峰。在山區居住的居民是不同種族的，西部是拉丁民族，東部的是日耳曼民族。此外，這裡還棲息著各種動、植物，代表的有阿爾卑斯大角山羊、山兔、雷鳥、小羚羊和土撥鼠等。

## 美麗的風景

景色的迷人阿爾卑斯山是世界聞名的風景區與旅遊勝地，人們稱之為「大自然的宮殿」、「真正的地形陳列館」。山地冰河呈現出一派極地風光，是登山、滑雪、旅遊和探險的勝地。

阿爾卑斯山區覆蓋著厚達 1,000 公尺的冰蓋，發育著各種類型的冰河地形，尤以冰蝕地形為代表，突出冰面的高峰很少，形成了島狀山峰。最大的冰河是在中阿爾卑斯山麓瑞士西南的阿萊奇，長約 22.5 公里，面積達 130 平方公里。

阿爾卑斯山地還因冰河作用形成了許多湖泊，其中萊芒湖是最大的湖泊，此外還有馬焦雷湖、博登湖、科莫湖、四森林州湖、蘇黎世湖等。

中、西阿爾卑斯山的風景也很美，有現代化的旅館、滑雪坡以及登山吊椅等。山麓和谷地之間還有的很多村鎮。那裡有山有水，景色優美，有大量遊客前往旅遊觀光。

### 延伸閱讀 —— 白朗峰

海拔 4,810.90 公尺的白朗峰不僅是阿爾卑斯山脈的最高點，還是西歐的最高峰，在法語中，白朗峰的意思是「銀白色山峰」。

白朗峰在法國與義大利的邊境，從小聖伯納德山口往北延伸了約 48 公里，最寬的地方達 16 公里，其中海拔過 4,000 公尺的山峰有 9 座，如莫迪、艾吉耶、多倫、韋爾特等。

白朗峰的山體是由結晶岩層組成的，地勢很高，因為常年受到西風影響，所以降水量較大。冬季還很有豐富的降雪，夏季也不會融化，所以終年白雪皚皚的，覆蓋其上的冰河約有 200 平方公里。白朗峰西北坡法國一側有著名的梅德冰河，義大利一側還有公尺阿傑與布倫瓦等大型的冰河。

白朗峰是有名的登山運動勝地，不僅有雄偉大的山峰，還有旖旎的風光，是阿爾卑斯山脈中最大的旅遊中心，現代設施也很完備有空中纜車等。白朗峰下還築有公路隧道，起自法國的沙漠尼山谷到義大利的庫馬約爾，長 11.6 公里。1958 年和 1959 年，法、義兩國先後從兩端開鑿，到 1962 年的 8 月會合，1965 年就建成、通車，這樣一來巴黎到羅馬的里程就縮短了約 220 公里。

## 黃山

黃山在中國安徽省黃山市，面積 1,078 平方公里，為「三山五嶽」中「三山」之一。黃山風景清新秀麗，雲海、溫泉、奇松、怪石、冬雪素稱黃山「五絕」，令海內外遊人嘆為觀止。黃山有 82 峰，有些崔嵬雄渾，有些又峻峭秀麗，錯落相交，如同巧成，以三大主峰（天都峰、蓮花峰和光明頂）為中心往外鋪展開去，跌落的成了深壑幽谷，隆起的則成了峰巒峭壁。

黃山在中國古代秦時稱黟山。相傳公孫軒轅黃帝率手下大臣容成子和浮丘公來這裡煉丹，最終得道。唐天寶 6 年也就是西元 747 年，唐玄宗根據這個傳說，把黟山改名為黃山。

## 黃山的地質地形

黃山在形成的過程中，經歷過相當漫長的造山運動，地殼抬升，冰河運動以及自然風化等，最終形成現今獨特的峰林結構。

黃山眾峰林立，72 峰包括「36 大峰」和「36 小峰」，蓮花峰是主峰，海拔達 1,864 公尺，與寬闊的光明頂、高險的天都峰連起來，雄居於風景區的中心；周邊還有 77 座超過 1,000 公尺的山峰，疊翠的群峰構成了一幅氣勢磅礴的立體畫面。

黃山山體主要是由花崗岩構成，是垂直節理發育的，侵蝕非常強烈，斷裂與裂隙相互交錯，長期的水溶侵蝕造就了瑰麗多姿的花崗岩洞穴、孔道，看上去關口重重。全山一共有 30 處嶺、22 處岩和 2 處關。前山岩體的節理較稀疏，岩石有較多的球狀風化，山體非常渾厚，很壯觀；後山岩體的節理較密集，多是垂直狀的風化，山體很峻峭，這就是「前山雄偉，後山秀麗」的特徵。

黃山第四紀冰河的遺跡主要在前山東南，典型冰河地形是苦竹溪、逍遙溪，是冰河移動侵蝕而成的「U」字形谷；眉毛峰和鯽魚背等處為兩條「V」字形的谷所侵蝕殘留下來的刃脊；天都峰頂是三面冰斗刨蝕遺留下來的角峰；百丈泉、人字瀑為冰河谷和冰河支谷相匯成的冰河懸谷；逍遙溪到湯口、烏泥關、黃獅壋等河床階地中，分布著冰河搬運堆積的冰磧石，傳說是軒轅黃帝煉丹用的「丹井」、「藥臼」，也是由冰河作用所形成的冰臼。

## 黃山的氣候與生態

黃山在中副熱帶的北緣，屬於常綠闊葉林和紅壤黃壤地帶，是副熱帶季風氣候，陰雨。雲霧天氣很多，與海洋性氣候相接近，沒有酷暑，也沒有嚴寒的冬季，平均溫度差僅 20°C左右。年均降雨天數達 183 天，4 ～ 6

月最集中，山上全年的降水量是 2,395 毫米。頻率較大的是西南風和西北風，年均降雪天數是 49 天。黃山冬季較長，10 月下旬就開始飄雪了，11 月至隔年的 3 月全山飄雪，12 月至隔年的 2 月是降雪最多的時候，也是冬遊的最好時機。

下雪後，便可隨處看到雪景，即使不下雪也能看到美麗的「霧凇」（又稱霧掛）。它和潔白的雪花一樣，給樹木、岩石、屋舍披上了一層晶瑩的白色，且比雪更白、更透明、更瑰麗，因而也更富有韻味。

黃山自然環境複雜，生態系統較平衡，植物垂直分布很明顯，景觀完整，還保存著高山沼澤與高山草原，是綠色植物的薈萃之地。這裡的森林覆蓋率是 56%，植被覆蓋率更是高達 83%。

目前，黃山有 1,452 種野生植物，其中水杉屬國家一類保護植物，銀杏等 4 種屬於二類保護植物，還有 8 種屬於三類保護植物，石斛等 10 個物種是屬於瀕臨滅絕植物，其中 6 種是中國特有的。第一次在黃山發現和以黃山來命名的植物多達 28 種，其中名茶「黃山毛峰」、名藥「黃山靈芝」是最有名的。

黃山中的動物種類有 300 多種，其中有 14 種是國家級保護的野生動物，如黑麂、蘇門羚、梅花鹿、毛冠鹿和長尾雉等。

## 黃山五絕

黃山風景秀麗，堪稱桃源險境，其中「五絕」最為著名，分別為奇松、怪石、雲海、溫泉和冬雪。

奇松：黃山的獨特地形和氣候形成松樹的一種變體 —— 黃山奇松，多生長在海拔 800 公尺以上的山上，黃山北坡的 1,500 ～ 1,700 公尺處，南坡的 1,000 ～ 1,600 公尺處較為常見。針葉粗而短，冠平像被削過一樣，顏色是深沉綠，樹幹與樹枝相當堅韌且具彈性。因風吹日晒，多數松樹只有一邊能長樹枝。黃山松的姿態傲然獨立，是一種奇特的美，但是，生長的環境十分惡劣，所以生長速度很慢，一棵不足一丈高的黃山松的樹齡一般也在上百年，甚至可能是數百年；樹的根部多比樹幹要長幾倍甚至幾十倍，只有根部深，黃山松才能堅強地站立在岩石上，雖然歷經風雨，依然屹立不搖。

最著名的黃山松當然是「黃山十大名松」了：它們是迎客松、送客松、蒲團松、黑虎松、探海松、臥龍松、團結松、龍爪松、豎琴松、陪客松。

怪石：黃山怪石又「奇」又「多」。它們的形態千奇百怪，形態各異，或像人或像物，或如鳥或如獸，每一個都很逼真。而且黃山還千岩萬壑，差不多每座山上都有很多靈幻而奇巧的石頭，大約形成於 100 多萬年前的第四紀冰河期。黃山石的「怪」就怪在它們從不同角度來看，形狀也各不相同。比如站在半山寺前望天都峰上的一塊大石頭，就像一直大公雞在展翅高啼，所以說「金雞叫天門」；但登上龍蟠坡後，回首再看，這只雄雞卻好像變成了五個穿著飄飄長袍、攜手扶肩的老人，所以又被稱為「五老上天都」。據說，黃山可叫出名字的石頭就有 1,200 多塊，都是有三分形象，再加七分的想像，將人的心理移情於怪石，一塊塊冥頑不靈的石頭，突然之間就有了生命。

雲海：黃山峰為體、雲為衣，是雲霧之鄉，「雲海」瑰麗壯觀，又美、又奇又幻，因此享譽古今。冬季的景色是最美的，一年之中，黃山有雲霧的天氣就有 200 多天，水氣升騰或者雨後霧氣都會形成波瀾壯闊、一望無邊的雲海。黃山的山峰、溝壑淹沒在雲海雪浪之中，天都峰、光明頂更成為浩瀚雲海中的「小島」。等到風平浪靜之時，雲海就一鋪萬頃，非常平靜；而風起雲湧之時，就波浪滾滾，氣宇軒昂；待到微風輕拂時，雲海微瀾迭起，如同涓涓的細流。

溫泉：溫泉古稱湯泉，黃山的溫泉源於海拔 850 公尺的紫雲峰，水裡含重碳酸，可飲亦可浴。傳說，軒轅皇帝曾在這裡沐浴七七四十九天，返老還童之後羽化飛天，因此，這裡的溫泉又有「靈泉」之稱。溫泉每天有 400 噸左右的水出來，經年不息，水溫約 42℃，屬於高山溫泉，對皮膚病、神經系統、消化系統、心血管系統、新陳代謝、運動系統等疾病，有一定的功效。

冬雪：冬雪是大自然好作品，是「極品」，在黃山工業是當之無愧的「第五絕」。黃山冬雪與北國冬雪不同，它並非厚重、嚴實，但能持久不化，給黃山增添了許多風采。天都峰在冬季就像一個銀妝素裹的女神；與之隔壑相望的是蓮花峰，也像是盛開的雪蓮；九龍峰著實變成了蜿蜒騰飛的玉龍，飛舞在雲海上；奇異的石林此時像一尊尊神仙，身著素服，聚在峰頭。霧松、雪松和樹掛將黃山打扮成一個奇幻世界。

**延伸閱讀 —— 黃山三瀑**

黃山有 1 池、2 湖、3 飛瀑、17 幽泉、24 溪和 36 源。除溫泉外，黃山水還有飛瀑、明荃、碧潭和清溪等。雨後到處都是潺潺的流水，閃著粼粼波光。瀑布奔騰，響聲如雷，泉水嗚咽，鳴如琴弦。其中最有名的是「人字瀑」、「百丈瀑」和「九龍瀑」，它們並稱為黃山的三大名瀑。

人字瀑古名稱為「飛雨泉」，從紫石和朱砂兩峰間流出，危岩達百丈，清泉從左右壁上瀉下來，像一個「人」字。

黃山最為壯麗的瀑布是九龍瀑布，源自天都、玉屏、煉丹和仙掌等峰，從羅漢峰和香爐峰之間、分九疊流下來，每疊都有一潭，所以稱為九龍潭。有詩讚嘆「飛泉不讓匡廬瀑，峭壁撐天掛九龍」。

百丈瀑在黃山青潭與紫雲峰之間，順著千尺的懸崖降下來，形成百丈的瀑布，所以才叫這個名字。

# 吉力馬札羅山

吉力馬札羅山是非洲最高的山脈，海拔達 5,895 公尺，面積達 756 平方公里，在坦尚尼亞吉力馬札羅的東北部，與肯亞向鄰近，它是坦尚尼亞和肯亞的分水嶺，離赤道僅有 300 多公里。吉力馬札羅山是「非洲屋脊」，許多地理學家還稱它為「非洲之王」。

在史瓦希利語裡，吉力馬札羅山的意思是「閃閃發光的山」。它的輪廓非常鮮明，緩緩上升的斜坡伸向長而扁平的山頂，那是個巨型火山口，是個盆狀火山峰頂。酷熱的天氣裡，從遠處望去，山基是藍色的，賞心悅目，白雪皚皚的山頂彷彿盤旋在空中。山麓氣溫有時有 59°C高，但是峰頂的氣溫又常在 -34°C，所以有「赤道雪峰」的名字。過去的幾個世紀中，吉力馬札羅山一直很神祕、很迷人，沒有人會相信，在赤道附近居然會有這樣的覆蓋著白雪的山。

在坦尚尼亞人心中，吉力馬札羅山是無比神聖的，很多部族要到山腳下舉行祭祀，去拜山神，以求平安。

## 山體形成

吉力馬札羅山是非洲風物地貌的代表，它是因災難性的地殼運動而形成的，這種地殼運動還造就了從紅海穿越坦尚尼亞，一直延伸到南非的東非大裂谷。東非在約 2,500 萬年前是一個廣袤而平坦的平原。非洲大陸與歐亞大陸相撞之後，東非平原就有了彎曲、斷裂。兩大板塊的碰撞讓原本薄疏的地殼產生了巨大裂口及薄弱點，於是該地區的眾多火山也就形成了。火山活動在原發山谷最深處、最為頻繁，最終形成了大裂谷地區的恩戈隆戈羅火山群以及一系的火山如美魯山、肯亞山、吉力馬札羅山。

直到今天，東非大裂谷仍存在地殼運動，吉力馬札羅山就是較近的火山活動所造成的。它的形成大約始於 75 萬年以前，最初由 3 個大火山口組成，分別為希拉、基博和馬文茲。隨後，希拉火山錐就崩塌消失了，接著消失的是馬文茲。然而，基博火山卻還保持著活力，在大約 36 萬年前還曾出現過一次大規模的爆發，釋放的黑色熔岩甚至蓋過希拉火山口，馬文茲火山的原址上，吉力馬札羅山鞍便形成了。

基博火山的最終高度達到了 5,900 公尺，每年都會被冰雪和冰河覆蓋。在大約 10 萬年前，一次巨大的山崩在火山口西南邊形成了峽谷壁，而基博的最後一次噴發，也留下了火山灰坑、內火山口和完美的火山噴口。

## 吉力馬札羅山的兩座主峰

吉力馬札羅山有兩座主峰，一座叫基博，另一座叫馬文茲。在查加語中，「基博」一詞意為「黑白相間」，因為山上的白雪和黑色岩石相互交錯，恰好構成了一幅黑白相間的雄壯圖畫；而「馬文茲」一詞在查加語中意為「破裂」，這是由於它的山峰是由 4、5 個犬牙形的山峰構成的，非常險峻挺拔，與圓形的基博峰相對。

由於印度洋上吹來的海風常常被基博峰阻擋，因此基博山巔和山腰處常有浮雲和霧氣繚繞，巍峨的基博峰在其中若隱若現，唯獨黎明日出與黃昏日落之時，終年積雪的山峰才偶爾露出原形。當山峰揭掉濃雲密霧的面紗、露出光彩奪目的雪冠之時，蒼翠的山體與無邊的綠色草原相互映襯，讓人心曠神怡。山頂積雪成冰後向山下移動，然後形成冰河，滑到海拔 4,300 公尺處，就成了一大奇觀。

馬文茲山和基博峰是有規則的錐形部，它經過了強烈侵蝕，山勢非常崎嶇，而且十分陡峭，還有狹谷將它劈開。基博的殘存下來的冰蓋會形成分散的大冰塊，馬文茲山上卻不一樣，它有永久冰，幾乎無積雪地。

## 吉力馬札羅山的 5 個地帶

吉力馬札羅山可分成 5 個地帶，它們的活動都要受到海拔、氣溫、降水、植物群與動物群等 5 個因素的控制，5 個地帶約以海拔 1,000 公尺為梯度，森林帶之上的降雨量、氣溫以及生物都相應減少、降低。

南面低坡帶，是指海拔 800 ～ 1,800 公尺，平原降雨量 500 毫米、森林邊緣降雨量 1,800 毫米的地帶。研究人員在這一地帶勘察，發現有相當多人類活動的痕跡，牧場、耕地和人口稠密的居民區將原始灌木和低溼林代替了。這裡土地肥沃、植被繁茂，但是無哺乳類動物，唯有叢猴、樹蹄兔、香貓等幾種小型樹棲哺乳類動物。

森林帶，是指海拔 1,800 ～ 2,800 公尺之間，降雨量南部是 2,000 毫米、北部與西部都不足 1,000 毫米的地帶。該地帶完全繞山而行，是最適合植物生長的。吉力馬札羅山 93% 的水都來自於該帶，然後，透過多孔滲水的火山岩滲濾，山泉就形成了。該帶還哺育了很多如藍猴、疣猴、水牛、大象、羚羊、南北羚羊、小羚羊等野生動物。

石南荒原和高沼草原帶，是指海拔 2,800 ～ 4,000 公尺之間，降雨量森林邊緣地帶達 1,300 毫米，上部地區達 530 毫米的地帶。該帶以多石南屬植被以及各種野花為特點。但它還有德肯尼半邊蓮和吉力馬札羅千里光兩種與其他地方不同的植物。該地帶因海拔太高，沒有多少野生動物，只有很少的野狗、水牛以及大象等，大羚羊是最多的，希拉高原偶爾會有獅子出現。較常見的是小型哺乳類動物，同時還有少許捕食，如香貓、樹貓和美洲豹等。

高地沙漠帶：是指海拔 4,000 ～ 5,000 公尺之間，降雨量在 250 毫米的地方，該地帶是半沙漠地帶，夜間氣溫多 0℃以下，白天能夠達到 30℃。水資源比較匱乏，幾乎沒有可以保持僅有水分的土壤。這裡只有像地衣、生草叢、苔蘚等約 55 種植物生存，因為地下水結冰，土壤能夠一夜之間發生移位，因此，多數根莖植物的生活是非常艱難的。這裡也沒有常駐的大型動物，只會有大羚羊、美洲豹和野狗等會經過這裡。

山頂：是指海拔超過 5,000 公尺，降雨量少於 100 毫米以下的地帶。山頂屬於寒帶，空氣中的含氧量僅是海平面上的一半，液體的地表水極少，原因有兩個，一是降雨少，二是地質組成是多孔岩石，無法蓄水。陰冷荒涼的山頂的生命是吉力馬札羅山最少的，僅有少量地衣，生長速度是每年 10 公分。蠟菊是這裡最高的開花植物，在基博火山口裡，長在 5,670 公尺的高處。但是蠟菊是極為罕見的，分布也非常分散。當然，這裡的哺乳類動物也非常少了。

### 延伸閱讀 —— 吉力馬札羅山「雪冠」是否會消失

吉力馬札羅的頂峰曾經被冰雪完全覆蓋，有 100 公尺厚，冰河一直延伸到海拔 4,000 公尺以下。山頂的降水量一年約 200 毫米，根本不能夠和融化失去的水量相平衡，因此吉力馬札羅山頂的冰河現在只剩下了一小塊。西方人漢斯 · 邁耶（Hans Meyer）是最先注意到冰層後退的人，他還是第一個到達頂峰的人。1898 年，他的報告裡稱吉力馬札羅山頂的冰河比 8 年前他首次登山時退縮了 100 多公尺。這麼迅速的變化，並不是完全是全球暖化所造成，而是因為長時間氣候週期的變化。

冰河以這樣的速度逐年後退，令人擔憂。據專家的預測，保守估計，在未來 20 年裡，這裡的冰層將很有可能完全消失。一些科學家認為這是因為火山，增溫會加速融冰過程；另外一些科學家卻認為這是因為全球升溫。不管原因是什麼，吉力馬札羅山的冰河正逐漸變小，這是毫無爭議的。

## 洛磯山國家公園群

加拿大洛磯山脈國家公園群在加拿大西南部的阿爾比省與英屬哥倫比亞省境內，面積達 2.3 萬平方公里，包括約霍、班夫、賈斯珀、庫特奈漢帕、羅布森、阿西尼伯因等，這裡是世界面積最大的國家公園。

洛磯山脈公園群內的山脈約是 7,000 萬年前形成的，都很年輕。山峰嶙峋、冰河流在這裡形成了鮮明的對比。冰河從冰原上滑下，將堅硬的岩石磨成了粉末，岩屑覆蓋住冰湖。冰河融水流向美麗的路易斯湖，冰礫飄浮在水中，反射光將湖泊打扮成如綠寶石一樣璀璨奪目。

### 洛磯山的形成及分布

最初，洛磯山只是巨大的地槽，白堊紀初期，它也還只是淺海。第三紀時，地球發生了大規模的造山運動、火山爆發，地殼也發生了強烈的褶曲與壓縮，導致山脈再次隆起，高大的花崗岩山系就形成了。第四紀時，在冰河的作用，山脈又留下了陡峭的角峰，由於冰斗、槽谷等冰河侵蝕的地貌特徵，再加上長期的地殼變動，逐漸形成了洛磯山的現狀。

洛磯山的分布範圍非常大，是北北西 —— 南南東走向的，南北有著明顯的差異，可分成 3 個部分。南部洛磯山地區包括懷俄明盆地以南或北普拉特河上游東岸向南的山地，這裡的山地多是呈南北走向平行羅列的，有很多挺拔陡峭的山峰以及隨處可見的山間小溪，流水清冽、山花爛漫、百鳥齊鳴，非常美妙。山體多是由前寒武紀的結晶岩所構成的，海拔超過 4,000 公尺，阿爾伯特山是洛磯山脈的最高點。峰頂天氣惡劣，終年積雪，於是奇特的冰斗、冰凌就形成了，非常壯觀。洛磯山地的礦藏很豐富，金礦是最早發現，後來，銅礦和銀礦也被發現了，但是，多年的開採後多數礦體已經枯竭了。

北部洛磯山地區包括了黃石公園北部山地以及加拿大境內的山地。這裡的冰河活動曾極度活躍過，冰河作用下還形成非常特殊的地形。山地主要是由水成岩構成的，因為有複雜的地層與強烈的火山作用，該地區蘊藏了較豐富的有色金屬礦，例如美國第二大銅礦。

中部洛磯山地以高原為主，地質構造很複雜，受火山的影響非常大，有很多溫泉、間歇泉。其中，黃石公園的間歇泉「老實泉」馳名中外。懷俄明盆地也在這裡，十分巨大，四周有高山環繞，這裡氣候乾燥，幾乎不生寸草，是半荒漠景觀地帶。

因為洛磯山脈雄偉壯觀且風光特別，美國政府早就在這裡建了黃石公園、冰河公園和大臺頓公園等三座國家公園，因此吸引了大批遊客前來。

## 洛磯山脈的氣候特點

洛磯山脈國家公園群南北延伸非常遠，因此氣候也變化多樣，南端屬於副熱帶濕潤氣候，北端屬於北極氣候。但南部因山脈為大陸性，海拔

高，因而緯度變化造成的影響往往較弱。

在洛磯山處，有兩個貫穿山脈大部分的垂直氣候帶，較低的那個是寒溫帶，不僅冬冷，夏也涼；較高的那個是屬於凍原類型的高山氣候，冬季非常嚴寒，夏季又短又寒。

洛磯山脈的降水量南少北多，北方大概是南方的 3 倍。南方氣候乾燥，例如科羅拉多聖路易谷地就是山地荒原氣候，在洛磯山脈中，最為乾燥。洛磯山脈北部因有太平洋氣旋暴風雨，所以全年的降水較均勻。

洛磯山脈各個生長季節差不多都很短，有些地方甚至到 7 月還有霜凍，是北美大陸的氣候分界線，阻擋著極地太平洋氣團的東侵以及極地加拿大氣團、熱帶墨西哥灣氣團的西行，所以還導致大陸東、西降水有很大的差異，對氣溫的分布有一定影響。西部則以冬雨為主，除了北緯 40 度北面的沿海和迎風坡的降水較多，其他地方的年降水量都少於 500 毫米，冬季氣溫卻比同緯度的東部各地要高；東部則以夏雨為主，除了北部高緯的地區以及靠著山地的大平原降水較少，其他地方的年降水量都超過 500 毫米。

洛磯山脈國家公園群是高原氣候，氣溫一般是 7℃，7 月分平均為 28℃，這是重要的氣候分界線，拉多的聖路易谷地為山地荒原氣候，是洛磯山區域的代表。一月為 -14℃，年降雨量是 360 毫米。

## 洛磯山國家公園群

聯合國教科文組織在 1984 年把洛磯山脈國家公園群列入自然遺產的行列，在《世界遺產名錄》留名。

洛磯山脈的國家公園群，面積 2.34 萬平方公里，其中有班夫、約霍、賈斯帕、庫特奈等國家公園，還有漢帕、羅布森、阿西尼伯因等省立公園，這些都是洛磯山脈中最美麗的地區。

賈斯帕國家公園是公園群裡面最大的，從哥倫比亞冰原發源的阿薩巴斯卡河經過這個公園，河水進入無限風光的大奴湖、馬里奴湖。賈斯帕公園內有斯曾林格斯硫磺溫泉，水溫達 54℃，它西部是羅布森省注公園，裡面有海拔達 3,954 公尺的羅布森山，它是洛磯山脈的最高峰。

1887 年班夫國家公園建立，它是加拿大最早的國家公園，還是有名的避暑勝地。該公園最著名的景點是路易士湖，該湖長約 2,000 公尺，最大寬度約有 600 公尺。湖面上倒映著冰塊狀的維多利亞山脈。

約霍國家公園在英屬哥倫比亞省，它的中心是海拔 3,000 公尺約霍溪谷，它在冰雪覆蓋的群山間。在當地原住民族語言中，「約霍」的意思是「壯觀」。

庫特奈國家公園也在英屬哥倫比亞，裡面有冰河、冰河谷、冰河湖等。裡面斯蒂溫山的巴鳩斯頁岩化石層裡面，有保存得相當好的寒武紀化石，甚至還有保存完好的古生物軟體組織，極其珍貴。據推斷，牠們的年齡可能有 5 億 3 千萬年了。

### 延伸閱讀 —— 洛磯山脈的動植物

洛磯山脈動物種類繁多，代表性的大型哺乳類動物有黑熊、灰熊、山獅和狼獾等。大角羊、石山羊夏天會棲息在高崖上，冬季就遷徙到較低的山坡；北美馴鹿、騾鹿、維吉尼亞鹿等鹿科動物如也會隨著季節的變化，在高山草地和亞高山森林之間垂直遷移；駝鹿形單影隻，經常在北部湖泊、溪流以及沼澤地出現，牠們主要以柳葉、水生植物為食；在懷俄明州黃石國家公園裡還生活著美洲野牛；較低的山谷的公路、鐵路路線上則有叢林狼在遊蕩。海拔較低處有小型的哺乳類動物，例如花鼠、紅松鼠、哥倫比亞地松鼠以及旱獺等。鼠兔主要在岩滑堆棲息，草原犬鼠活躍

則在較乾燥的谷地、高原活躍。乾旱的南部山區有叉角羚、傑克兔、西貓、響尾蛇等野生動物。

鳥類的種類也很多，夏季山區各處都有猛禽，如白頭海雕、金雕、鶚和遊隼等。林地、草地上有雷鳥、藍松雞、灰松鴉、流蘇松雞、雲杉松雞、斯特勒氏松鴉和克拉克氏星鴉等鳥類，還有水鴨、沙錐、喇叭天鵝等水禽。

因為高度、緯度、日照比較特別，所以洛磯山脈地區的植物群落也有著極大的不同，科羅拉多與新墨西哥東坡，冬天，強風從乾燥的平原吹來，吹得雪松、矮松以及發育不良的土地發生了變形。在山系的終端、海拔較低的地方，一般是沒有樹的，只有在河流的沿岸，才會有一片片的三角葉楊以及其他的落葉樹。河谷與盆地中生長著灌木蒿，向北一直長到亞伯達南部。中等海拔地區，山地森林裡有白楊、黃松、黃杉等。亞高山帶森林有黑松、白雲杉、西方鐵杉、西部紅柏和恩格爾曼氏雲杉等。緯度增高，林木線高度逐漸下降。林木線以上遍地都是耐寒的草類、苔、地衣以及一些高山苔原的低矮開花植物。最北部山區有「小精靈樹林」，是矮小的柳樹。森林、草地上有著無數的龍膽、野花、禦膳橘、耬鬥菜、飛燕草以及火焰草等。

## 東非大裂谷

東非大裂谷（也叫「東非大峽谷」或「東非大地溝」）是大陸上斷裂帶中最大的一個。我們從衛星照片上看它，就像一道巨大的傷疤，會有一種驚異神奇的感覺。

## 東非大裂谷的現狀

東非大裂谷在非洲東部的南起尚比西河口附近，往北經過希雷河谷到馬拉維湖（即尼亞薩湖）北部之後，分成了東、西兩支：東支裂谷帶沿著維多利亞湖的東側，向北延伸，經過坦尚尼亞和肯亞的中部，再穿過衣索比亞高原，進入到紅海，從紅海向西北方向延伸，最後到約旦谷地，全長近 6,000 公里。裂谷帶很寬，谷底較平坦。谷兩側斷崖非常陡峭，谷底和斷崖頂部的高差在幾百公尺到 2,000 公尺之間。西支裂谷帶沿維多利亞湖的西側，由南向北一次穿過坦干伊加湖、基伍湖等湖泊，然後逐漸消失。

東非裂谷帶兩側的高原上還分布著一些火山，例如肯亞山、吉力馬札羅山、尼拉貢戈火山等，谷底中約有 30 多個串珠狀湖泊。這些湖泊大部分狹長而且水很深，其中有世界上最狹長的湖泊 —— 坦干伊加湖南北長 670 公里，東西寬 40 ～ 80 公里，它僅次於北亞的貝加爾湖，是世界第二深湖，平均水深可達 1,130 公尺。

在地理上，東非大裂谷已經超出東非的範圍、延伸到死海，所以有人叫它「非洲 —— 阿拉伯裂谷系統」。

## 東非裂谷的形成原因

東非大裂谷是如何形成的呢？地質學家研究認為，大約 3,000 萬年前，因為發生過地殼斷裂運動，一塊陸地從阿拉伯古陸塊分離出來，漂移運動形成了裂谷。當時，這一地區的地殼還處於大運動時期，整個區域都抬升了，地殼下地函物質上升、分流，巨大張力產生。在張力的作用之下，地殼大斷裂形成裂谷。而且抬升運動不斷發生，地殼斷裂就跟著產生，地下的熔岩不斷地湧出，漸漸地，高大的熔岩高原就形成了。高原上的火山就變成了山峰，斷裂下陷地帶就是大裂谷的谷底。

地球勘探資料分析認為，東非裂谷帶還存在著許多活火山，而且抬升現象也還在不停地向兩邊擴張。速度雖然很慢（近 200 萬年來，平均每年擴張速度為 2 ～ 4 公分），但是，如果這樣不停擴張下去，總有一天，東非大裂谷東面的陸地會從非洲大陸分離出去，產生一片新海洋以及一些新島嶼。

## 裂谷風光

東非大裂谷是世界上最大的裂谷帶，景色壯觀，有人叫它「地球表皮上的一條大傷痕」，古往今來，無數人為它著迷。

- ✧ **裂谷湖泊**：裂谷的底部有一片寬闊的原野，裡面有 20 多個狹長湖泊，就像散落在谷底的一串串晶瑩的藍寶石。中部，奈瓦夏湖與納庫魯湖是棲息著鳥類等動物，還是重要的遊覽聖地以及野生動物保護區。奈瓦夏湖湖面的海拔為 1,900 公尺，在裂谷內是海拔最高的湖；南部，盛產天然鹼的馬加迪湖是非常重要的礦產資源區；北部，圖爾卡納湖是一個人類發祥地，在那裡曾經發現過 260 萬年前人類頭蓋骨的化石。大裂谷內集中著非洲大部分湖泊，例如沙拉湖、阿貝湖、馬加迪湖、維多利亞湖、圖爾卡納湖、基奧加湖等。這些湖泊順著裂谷長條狀鋪展，是東非高原上的美景之一。
- ✧ **東非大裂谷帶湖區**：裂谷地帶降雨充沛，土壤肥沃，是肯亞的主要農業區。東非大裂谷帶的湖區，河流從四周高地流下，進入湖泊。湖區的降水充沛，河網密集。在東非大裂谷地帶，科學家們還發現了大量的早期古人類的化石，「露西」的骨架化石還呈現了人和猿的形態結構特徵。肯亞境內的裂谷，輪廓十分清晰，縱貫南北，將國土劃分為兩半，還與橫穿全國的赤道交叉，因此，肯亞還有一個有趣的「東非十字架」的稱號。

✧ **東非大平原**：東非大平原在非洲的地勢是最高的，氣候溫和，降雨充沛，物產多樣，是當地的主要農產區，尤其茶葉、咖啡、水果和俞麻等較出名。這裡的一年能採摘兩次咖啡豆，一年內有 9 個多月可以每半月採摘一次茶葉，俞麻成熟後，天天都能收割。

**延伸閱讀 —— 肯亞納庫魯湖**

納庫魯湖在肯亞，是為保護禽類鳥建立的公園，還是世界上最大的火烈鳥棲息地區。它在肯亞首都奈洛比西北方向 150 公里的地方，海拔達 1,753 ～ 2,073 公尺，占地面積達 188 平方公里。因為湖水的鹽鹼度高，蜉游生物較多，因此，在這一帶生活著 200 多萬隻的火烈鳥，占了世界火烈鳥總數的 30%，是「觀鳥天堂」。

這裡的火烈鳥有大、小兩種，大的身高 1 公尺，長 1.4 公尺，數量較少；小的身高 0.7 公尺，長 1 公尺，數量較多。牠們有長腿、長頸和巨喙，與白鶴很像，只是全身的羽毛是淡粉紅色，兩翼和兩足的色調較深。火烈鳥的嘴非常別致：上平、下彎，尖端是鉤狀的。

一群火烈鳥中往往可達到幾萬隻，有些甚至達 10 多萬隻，牠們或在湖中游泳，或在淺灘上徜徉，神態悠閒安詳。興致來時，牠們會輕展雙翅，翩翩起舞。這時的納庫魯湖會顯得湖光鳥影，交相輝映。而一旦興盡，牠們就會振翅高飛，直上青天，如同大片的紅雲。這一奇特的變幻也被譽為「世界禽鳥王國中的絕景」。為了觀賞這一奇景，每年都有大批遊客從世界各地來到納庫魯湖。

除火烈鳥外，納庫魯湖還棲息著 400 多種、數百萬隻珍禽。

在湖邊密林裡賣弄，居住著食肉鳥如褐鷹、長冠鷹等；也有候鳥如濱鷸、磯鷂等；還有翠鳥、杜鵑、太陽鳥、歐椋鳥等。整個納庫魯湖國家公園是各色各樣鳥類的樂園，每年都會有許多鳥類學家從世界各國前來考察研究，因此這裡也被稱為「鳥類學家的天堂」。

此外，公園中還有很多大型的動物，例如黑斑羚、狐狸、野貓、蹬羚岩狸、河馬、豹子、跳兔、無爪水獺、大羚羊、斑鬣狗、長頸鹿、白犀牛等。

# 科羅拉多大峽谷

科羅拉多大峽谷是一個著名的自然奇觀，在美國亞利桑那州西北部的凱巴布高原之上。因為有科羅拉多河穿過，所以稱為科羅拉多大峽谷，它是聯合國教科文組織選出受保護的天然遺產。大峽谷全長 446 公里，平均寬度為 16 公里，最深達 1,740 公尺，平均深 1,600 公尺，總面積達 2,724 平方公里。

## 科羅拉多大峽谷的來歷

科羅拉多大峽谷是科羅拉多河的佳作。該河發源自科羅拉多州的洛磯山，經過猶他州和亞利桑那州，再從加利福尼亞灣入海，全長達 2,320 公里。在西班牙語中，「科羅拉多」的意思是「紅河」，因為河裡有大量的泥沙，河水又常是紅色。

由於科羅拉多河的長期沖刷，在主流和支流的上游已經鑿出了峽谷地、布魯斯峽谷、葛蘭峽谷等 19 個峽谷，而最後流經亞利桑那州多岩的凱巴布高原時，更是驚人地形成了大峽谷的奇觀，成了這條水系所有峽谷的「峽谷之王」。

科羅拉多大峽谷的形狀是不規則的，大致是東西走向，蜿蜒曲折地像一條兇猛的巨蟒，蜿蜒於凱巴布高原上。它的寬度在 6 ～ 25 公里之間，兩岸北高南低，平均谷深 1,600 公尺，寬為 762 公尺。科羅拉多河在谷底，奔湧向前，兩山並立、一水中流，景觀壯麗。擁有奇特的地貌，宏大的氣魄，迷人的神態，真是絕世無雙。

1903 年，美國總統狄奧多 · 羅斯福來此遊覽時，曾感嘆地說：「大峽谷讓我敬畏，它的美無可比擬、沒有語言來形容，是世界獨一無二的。」還有人說，科羅拉多大峽谷是在太空唯一能用肉眼看到的自然景觀。

1919 年，威爾遜總統把大峽谷設立為「大峽谷國家公園」，1980 年，它被列進世界遺產名錄。大峽谷山石多是紅色的，從谷底到頂部分別由寒武紀到新生代各時期的岩層，層次鮮明，色調不同，且含有各個地質年代所代表性的生物化石，所以它又稱為「活的地質史教科書」。

## 壯麗的科羅拉多大峽谷

大峽谷兩岸都是紅色巨岩的斷層，大自然鬼斧神工，創造出了如此嶙峋疊嶂的奇蹟，尤其中間夾有一條看不到底的巨谷，顯得更加蒼勁壯麗。而且這裡的土壤雖多為褐色，但是，當有陽光照耀時，岩石的色彩會隨太陽光線的強弱而或為深藍色，或為紅棕，或為赤色，無窮的變幻彰顯出大自然的斑斕和詭密。大峽谷就如同仙境一樣蒼茫、迷幻，讓人沉醉。峽谷的色彩、結構，特別是那磅礴的氣勢，沒有哪個雕塑家或畫家能模擬的出來。

峽谷岩壁的水平岩層非常清晰，它們是億萬年之前地質的沉積物。就像樹木的年輪，它們是人們認識大峽谷的地質變化重要的途徑。大峽谷除了雄偉壯觀以外，還有許多通幽曲徑，同樣令人驚嘆。另外的一些由水流沖擊而成的岩穴石谷，形狀更是千奇百態，顏色如火般紅烈，每處岩石都像是一幅美麗的畫，令人覺得好像是到了仙境。

大峽谷國家公園的電影院的螢幕，是世界上最大的，用來重放大峽谷的歷史和變遷。億萬年前，這裡也像喜馬拉雅山一樣，曾是一片汪洋大海，是造山運動使它崛起。可是因為石質鬆軟，經過幾百萬年科羅拉多河急流的沖刷，兩岸的岩壁被切割成了現在的大峽谷，它被列為自然界七大奇景之中。許多來過這裡的人都讚嘆：唯有科羅拉多大峽谷才有資格成為美國的象徵。

## 科羅拉多峽谷的景點奇觀

科羅拉多大峽谷中有許多美麗的景色，因此也吸引著全世界各地的人來參觀遊覽。

✧ **拱石國家公園**：拱石公園的面積僅 200 多平方公里，可說是「家庭公園」，因為這裡的交通和觀景便利，適宜闔家同遊。公園裡天然石拱多且集中，所以非常有名，裡面跨度超過 1 公尺的拱石就有 2,000 多個，而且還有很多怪異的石柱和石墩群落。幾個風景區因為有公路多以串連起來，美景密集，讓人目不暇接。公園很自然生態保養得很好，沒有任何的商業設施，連飲食的地方都沒有。戈壁很廣闊，長著稱為「公園的心尖肉」的寥寥山艾。曾經好萊塢要來借場地投入 500 匹馬，拍攝印地安人與聯邦騎兵的鏖戰，公園嚴辭拒絕。因此儘管囊中羞澀，公園為了保持自然生態的美貌，堅決不為利益所動。

✧ **印第安遺址公園**：科羅拉多高原被地質學家稱為「半沙漠」，因為它以蠻荒、裸露的臺地以及峽谷地形為主，看上去人是無法在此定居的。但人類在這裡居住的歷史至少有 3,000 年。四角地區的人文特點是印第安民族遺留下來的崖居遺跡，這裡還是最著名的印第安遺址公園。所謂的崖居是指在懸崖下大空洞裡面築屋、居住，少的有幾間，多的達幾百間，一個洞可以看做一個村落。在一個山凹的「報紙岩」上，還繪滿了印第安人的岩畫，有動物和其他奇異的圖形，這些作品已有幾千年的歷史了。現在亞利桑那境內的霍皮族，據說是崖居人的後裔。他們稱，早前崖居人的靈魂仍在遺址居住，因此部落每年都要來此祭拜祖先。

✧ **布萊斯公園**：從大峽谷向北就能到達布萊斯國家公園，高原連續上了 5 個臺階，依次是巧克力崖、朱崖、白崖、灰崖和粉崖，它們一層層上升，露出了 30 多億年的彩色沉積層。在猶南的 5 個國家公園裡，布萊斯公園是面積最小的，它很特別，山邊有大片的石林，就像是神的閱兵場。臺地是大階梯最上面的一層，是粉崖。臺地邊緣已侵蝕成了粉色石林，從崖頂望下去，千形百狀，一群群、一簇簇，非常壯觀。

✧ **魔鬼庭園**：魔鬼庭園很像童話裡的魔境，有門廊和牆柱，臺墩散落。一組組石頭，如木偶一樣，站在岩座上，俏皮可愛。如此可愛的模樣，人們幾乎無法相信它們是由自然風化的結果，它們與周邊的地貌差別很大。

✧ **米德湖與鮑威爾湖**：1935 年胡佛高壩建成，它形成的大峽谷的西端的水庫就是米德湖。1963 年葛蘭峽大壩建成，鮑威爾湖也就隨之形成，是大峽谷東邊的新景點。一東一西兩大壩間還囊括大峽谷最精彩的部分。鮑威爾湖的名字，是為了紀念第一個來到這裡、建議開發水利的先驅。它的面積比米德湖大 1 倍還多，景色也遠勝米德湖，有紅色的砂岩、石拱、峽谷以及萬頃的碧波，現在它是美國西南部主要的國家度假區。

**延伸閱讀 —— 科羅拉多大峽谷懸空玻璃橋**

為了能夠吸引遊客，美國亞利桑納州科羅拉多大峽谷投入 3,000 萬美元，將透明玻璃懸空廊橋建在距谷底 1,158 公尺、虛懸谷壁外 21 公尺的高空，真是讓世人驚嘆，這座廊橋在 2007 年 3 月 20 日正式向遊客開放。

這座廊橋約寬 3 公尺，底板是透明的玻璃材質，遊客在上面行走的時候可以俯瞰大峽谷與科羅拉多河景觀。據說該廊橋共用了 454 噸鋼梁，能夠承受相當於 72 架波音飛機的重量，還可以夠抵禦 80 公里外的 8 級地震和每小時 160 公里的大風。因為有溼度調節系統，廊橋的晃動能夠減低到最小。廊橋最大的乘載量是同時 120 名遊客站在上面，但其實讓它承載 700 名壯漢也是沒有問題的。

## 雅魯藏布大峽谷

在中國西藏省內，雅魯藏布江的下游有雅魯藏布大峽谷，它是地球上峽谷中最深的一個。

雅魯藏布峽谷最北端在米林縣的大渡卡村，最南端在墨脫縣巴昔卡村，全長 504.9 公里，平均深度 5,000 公尺，最深的地方能達到 6,009 公尺，是世界第一深的峽谷。峽谷地區的冰河、絕壁、和泥石流與浩蕩的大河交雜在一起，環境很惡劣，其中很多地區現在都還沒有人涉足過，可說是「地球上最後的祕境」，在地質研究上，它也是難得的空白區。

在大峽谷無人區河段的河床之上，還有罕見的 4 個大瀑布群，其中一些瀑布的落差在 30 ～ 50 公尺之間。峽谷地區擁有由高山冰雪帶至低河谷熱帶季雨林等 9 個垂直分布的自然帶，也有多種生物資源，在青藏高原已知的高等植物種類中，這裡占了 2/3，在已知的哺乳類動物中，這裡占了一半，在已知昆蟲的中，這裡占了 4/5，在中國已知的大型真菌中，這裡占了 3/5。

中國科學家在 1994 年對大峽谷進行過考察和科學論證，綜合各種指標，確認了雅魯藏布大峽谷是世界的第一大峽谷。美國科羅拉多大峽谷與祕魯的科爾卡大峽谷（二者曾被列為世界之最）都不能和雅魯藏布大峽谷相比。1998 年 9 月，中國正名為「雅魯藏布大峽谷」。

## 雅魯藏布峽谷的成因

年輕的青藏高原怎麼能形成如此奇麗、壯觀的大峽谷呢？

其實，大峽谷之所以會形成，與該地區地殼 300 萬年來的抬升和深部的地質作用有直接關係。

近 15 萬年來，大峽谷地區的抬升速度每年達 30 公分，在世界範圍內，是抬升速度最快的地帶之一。地質考察指出，大峽谷形成的根本原因是當地有軟流圈地函上湧體。大峽谷形成的地質特徵和美國科羅拉多大峽谷差不多，可能是地函上湧體是大峽谷導致水氣通道的形成，也可能是以該地帶為中心的藏東南是「氣候啟動區」，還可能是因為該地區生物緯向分布向北移了 $3^{o}$ ～ $5^{o}$。岩石圈物質（以地函上湧體為特徵）和結構的調整對地球外圈層長尺度的制約作用在這裡的表現十分明顯，所以對於地球系統中層圈交互作用的研究，這裡是最理想的實驗室。

在世界峽谷河流史上，高峰和拐彎峽谷的組合是非常罕見的，是一種奇特的自然奇觀。大拐彎峽谷是多個拐彎相連而組成的，大峽谷北面的加拉白壘峰是冰河發育中心，東坡列曲冰河也是大型的山谷冰河，由雪線海拔 4,700 公尺延伸到海拔 2,850 公尺處。

在大峽谷水氣通道的北行當口處、念青唐拉山東段北坡還有長達 33 公里的卡欽冰河；帕隆藏布上游也有長達 35 公里的來姑冰河。它們都是中國海洋性溫性冰河裡面，比較長的山谷冰河，末段一直延伸至副熱帶常綠闊葉林，最低到海拔 2,500 公尺左右處，自然景觀非常奇特。

大峽谷就像是青藏高原東南部的綠色門戶，迎著孟加拉灣、印度洋，是印度洋來的暖溼氣流的天然通道。

## 雅魯藏布大峽谷的基本特點

雅魯藏布大峽谷的基本特點是深、幽、潤、長、高、秀、壯、險、低、奇。

- ✧ **高**：大峽谷的兩側高聳著南迦海拔 7,782 公尺的巴瓦峰和海拔 7,234 公尺加拉白峰，山峰都是強烈上升的斷塊，挺拔巍峨，直插雲端。峰嶺上有懸垂的冰河，氣勢宏偉。
- ✧ **壯**：鳥瞰大峽谷，峽谷穿過高山，圍南迦巴瓦峰形成一個奇特的大拐彎，南瀉注入印度洋，壯麗奇特，無與倫比。
- ✧ **深**：大峽谷最深的地方達 5,382 公尺，圍繞在南迦巴瓦峰核心河段的也有 5,000 公尺，比科羅拉多大峽谷、科爾卡大峽谷以及喀利根德格大峽谷深很多。
- ✧ **潤**：在青藏高原上，大峽谷是最大的水氣通道，因為有印度洋暖溼氣流，峽谷南段的年降水量有 4,000 毫米，而且北段也有 2,000 毫米，所以峽谷地區非常溼潤，到處是茂密的森林，是世界上生物種類最為豐富的地區。

✧ **幽**：因為地勢很險峻，人煙非常稀少，很多河段上甚至根本沒有人，而且峽谷被雲霧遮罩，充滿了幽靜的神祕色彩。

✧ **長**：連續的峽谷繞過南迦巴瓦峰，長 496 公里，比科羅拉多大峽谷（曾號稱是世界「最長」的大峽谷）還長 56 公里。

✧ **險**：峽谷中很多河段兩岸有岩石壁立，不能通行，而河段河水平均流量能夠達到每秒 4,425 立方公尺，遠遠超過每秒 67 立方公尺的科羅拉多河，河流流速高達每秒 16 公尺，水流非常湍急，至今，還沒有人能夠漂流進大峽谷。

✧ **低**：指雅魯藏布大峽谷的最低處巴昔卡，此處海拔僅有 155 公尺。

✧ **奇**：大峽谷奇特有一處最奇特的地方：在東喜馬拉雅山脈的尾部，由原本的東西走向。突然南折為南北方向，然後沿著東喜馬拉雅山脈南斜面，奪路注入印度洋，成了最奇特的馬蹄形大拐彎。它不僅在地形景觀上奇特，還因此成了世界上難得的有獨特水氣通道的大峽谷，青藏高原東南部森林生態系統景觀的形成也是因為這個原因。

✧ **秀**：大峽谷的自然景觀是「秀甲天下」的。它有秀山、秀水、秀樹、秀草、秀雲、秀霧、秀鳥、秀蝶、秀魚等，而且，峽谷秀中帶著深遠、雄偉的內涵。比如大峽谷的水，由固態的冰雪到溫泉，從溪流、飛瀑到江水，固態、液態、氣態都有，雪花、溪流、大江同存，具備了水的各種形態和各種尺度規模；再說大峽谷的山，熱帶季風雨的低山。高聳入雲的皚皚雪山每一種都很秀麗，茫茫的林海和聳入雲端的雪峰更像是神來之筆。

## 峽谷的環境及動植物資源

雅魯藏布大峽谷地區都在同類型自然帶上，除了海拔 4,200 公尺林線以上是雪原冰漠、草原灌叢之外，幾乎都是森林了，林區面積之廣，資源之豐富，僅次於中國東北、西南兩個林區。

大峽谷具有兩個特點：一個是奇特的大拐彎，另一個是青藏高原最大的特點，水氣通道本身也形成了世上珍奇自然奇觀與最具特點的生態資源。不僅壯觀、奇特，自然、潔淨，而且還環境獨特，蘊藏非常豐富的資源。若從空中觀賞大拐彎，能一睹它的全景，看到壯觀秀麗的景色；大量水氣以及熱量給大峽谷地區生態旅遊創造了很好的條件。山地齊全擁有完整垂直自然帶，擁有多樣性的生物，擁有季風型海洋性溫性的冰河，擁有魅力無窮的高山湖泊，還有變化無窮、壯麗宏偉的萬千氣象，大峽谷因此更具魅力。

大峽谷地區是西藏生物資源最豐富的地區，約 3,500 餘種植物，其中有不下千鐘是有利用價值的經濟植物，例如藥用植物、油料植物和纖維植物等。高山杜鵑是其中最出名的，大峽谷高山灌叢主要是常綠杜鵑。這裡有 154 種杜鵑，世界杜鵑總種數約 600 種，這裡就占了超過 1/4。茂密的森林和高山灌叢草原內棲息多種動物，不少屬於國家重點保護的珍稀的動物，例如石貂、青舢、白鼬雲豹、雪豹、、豹貓和小熊貓等；有藥用價值的馬麝、黑熊、穿山甲、鼯鼠、蛇晰、銀環蛇和眼鏡王蛇等；有醫用價值的獼猴等；有觀賞價值的長尾葉猴、紅胸角雉、排陶鸚鵡、大緋胸鸚鵡、火尾太陽鳥、紅嘴相思鳥、藏馬鳴、黑頸鶴、羚羊和蟒蛇等。但是因為長期大量的捕殺，目前，很多動物都瀕臨滅絕了。

## 延伸閱讀 —— 雅魯藏布江

在青藏高原上，有一條如銀白色巨龍般的大河，奔流於「世界屋脊」的南部。這就是著名的雅魯藏布江。它從雪山冰峰裡流出，一直到藏南谷地，「繪製」了美妙絕倫的景致，孕育出了悠久而燦爛的藏族文化。

雅魯藏布江在喜馬拉雅山（是世界最高、最年輕的山脈）、岡底斯山和念青唐拉山脈間的藏南谷地上奔流，全長 2,900 多公里，在中國境內長 2,057 公里，在中國名流大川中居第五位。雅魯藏布江從傑馬央宗曲發源，上游的水道非常曲折、分散，有星羅棋布的湖泊，江水非常清澈，兩岸的植被很豐富，景色悅目。中游有多條支流匯入，水量異常充沛，江寬、水深，給高原的航運提供了很好的條件，也是世界上最高的通航河段。下游江水滔滔，漸漸往東北流去，又驟然急轉、南流，大拐彎的地方是有名的大峽谷，這裡的江面很狹窄，河床上灘礁棋布，水流湍急、波濤很高，響聲震天，非常壯觀。

在大峽谷的深處，還有門巴族和珞巴族人在生活，他們為數不多，生產方式和生活方式還處在半原始狀態。有條險路可以深入崇山峻嶺的密林以及雪山中，若是不辭艱辛走進去，經過「煉獄」般的奔波，就能看到舉世無雙的大峽谷雄姿，還能體驗難得的少數民族風情。

# 庇里牛斯山脈

在法國和西班牙兩國的邊界有一座雄偉壯觀的山脈，被認為是法、西兩國的界山，它就是庇里牛斯山脈。它是阿爾卑斯山脈向西南方向的延伸，西至大西洋比斯開灣，東至地中海利翁灣南，長約 43 萬 5 千公尺，最寬處約為 14 萬公尺。

根據自然特徵的不同，該山脈可以分為西庇里牛斯山、中庇里牛斯山和東庇里牛斯山（地中海庇里牛斯山）。

## 庇里牛斯山的自然景觀

庇里牛斯山脈東西走向，平均海拔在 2,000 公尺之上，山脈的中心是海拔 3,352 公尺珀杜山頂峰。它面積大約 300 萬平方公里，是歐洲西南部最大的山脈。

該山的山體中軸部位是強烈錯動的花崗岩和古生代頁岩、石英岩；兩側為中生代和第三紀地層；北部山坡是礫岩、砂岩、頁岩。

山脈的北坡年降水量較多，一般在 500 ～ 2,000 毫米，植被主要是山毛櫸和針葉林；南坡降水量少，屬於副熱帶氣候，植被類型主要為地中海型硬葉常綠林和灌木林，像喜馬拉雅山南坡一樣有明顯的垂直變化規律。

山坡上隨著海拔的不同，有著不一樣的景觀。海拔 2,300 公尺以上，是高山草原；海拔 2,800 公尺以上，為冰雪覆蓋帶；海拔 1,700 ～ 2,300 公尺之間的地區，冬季氣溫在 -16℃～ -20℃間，是高山針葉林帶；海拔 1,300 ～ 1,700 公尺之間的地區，冬季氣溫在 -13℃～ -16℃間，降水量多，是山毛櫸和冷杉混合林帶；海拔 400 ～ 1,300 公尺之間的地區，冬季氣溫在 -6℃～ -13℃間，降水量較多，是落葉林分布帶；在海拔 400 公尺以下的地區，冬季氣溫為 -6℃～ 2℃，溼度小，有典型的地中海型植物石生櫟、油橄欖、栓皮櫟等。

庇里牛斯山脈有著豐富的礦產資源，其中鐵、錳、鋁土、汞、褐煤尤其豐富。最讓人感嘆的是這裡的美麗風景和冬季的滑雪場所。

## 庇里牛斯山中央的河谷

庇里牛斯山脈中央是一個面積約 160 平方公里的河谷，這就是奧爾德薩和珀杜峰國家公園裡的 4 個河谷之一阿拉扎斯河谷。

該河谷的源頭是一個名叫索阿索的冰斗，這裡是一個巨大的圓形窪地，是由 15,000 多年前的冰河侵蝕形成的。索阿索冰斗再往上走是很難行進的一條山路，沿山谷的峭壁通向一個很少有人去的地方。在這裡登山者要藉助打進石岩中的鐵釘才能通過。大自然漫長的侵蝕作用蝕掉了崖頂上一排排狹窄的石灰岩岩架。海拔 2,400 公尺的弗洛雷斯峰貼近阿拉扎斯河延伸了約 3,000 公尺。冒險者看到這座山就有一種心曠神怡的感覺，整個山谷就像一條彩帶在公園的崎嶇中舒展。

在風景如畫的阿拉扎斯河谷處一個生機勃勃的奧爾德薩峽谷，這裡有山毛櫸、落葉松和高聳的針葉樹懸生於峭壁。在河谷內湍急的河水流接連經過階梯瀑布，之後穿過奧爾德薩峽谷。河谷兩岸是巍然矗立的石灰岩峭壁，平均高度大約 600 公尺，壁面凹凸不平，很是壯觀。阿拉扎斯河流的上游儘管到處是礫石，但那裡並不荒涼，有高山薄雪草、龍膽和銀蓮生長在山石之中。

### 延伸閱讀 —— 奧爾德薩峽谷的動物

奧爾德薩峽谷是一個多彩的動物世界，這裡是庇里牛斯山羊最後的棲息地。在這裡亦可以看到敏捷的羚羊，如果幸運的話，

還可以看到稀有的黑山羊，牠們已經瀕臨絕種了。

此外，奧爾德薩峽谷還有土撥鼠、狐狸、水獺、野豬和棕熊生活其中。值得一提的是，這裡有一種攀石本領高強的攀壁鳥，牠們可以在懸崖峭壁上獵取食物。但由於牠們自身的顏色為與岩石接近的灰褐色，所以人們很難發現牠們的行蹤。然而，當牠們振翅攀爬時，牠們翅上鮮紅的羽毛就會讓它們無處遁形了。

# 北喀斯喀特山

在美國華盛頓州西北部，有一座以高山景觀見長的山，它就是北喀斯喀特山。這座山內內擁有數以百計的冰瀑、深谷、高峰、湖泊和溪澗，其北面與加拿大接壤。1895 年，被北喀斯喀特山美麗的高山景色深深打動的美國國會議員亨利・卡斯特寫道：「世界上沒有其他地方像這裡一樣有這麼多的山，並且有著如此奇異、多變的山峰形狀。」

北喀斯喀特山地區的大部分都是寒帶荒原。羅斯湖將北喀斯喀特山地區分成了南、北兩個部分，而美麗的奇蘭湖就位於北喀斯喀特山的南部。

## 北喀斯喀特山國家公園

北喀斯喀特山國家公園是北喀斯喀特山著名的旅遊勝地之一。公園面積 2,738 平方公里，於 1968 年建立，平均海拔 1,600 公尺。

在幽深的峽谷中，森林密布，山坡上生長著石南屬植物，高地冷杉叢叢，山頂綠草如茵，冰蝕地形廣布。湖岸陡峻的冰蝕湖碧波蕩漾，冰河切割而成的角峰就像印第安人的石刀。爬上角峰，可以眺望銀光閃閃的特萊姆雪山和皮基特嶺。

斯卡吉特河橫貫公園的中部，河上由羅斯、代亞布洛和戈吉三座水壩形成廣闊的湖泊，山光水色，秀麗動人。公園分為 4 部分，包括南部荒原區、北部荒原區、奇蘭湖和羅斯湖國家休養區。北部荒原區冷而潮溼，夏季落雨、下雹，冬季飛雪、降霜，氣候陰冷，群山常籠罩在溼漉漉的雲霧之中。在細雨中瀏覽山色，有撲朔迷離之感。當雨歇霧消，山巒、林木則清新如沐。南部荒原區高 2,660 公尺的埃爾多拉多高地覆蓋著大塊冰河。嵯峨的片麻岩，從冰原上拔地而起，歷經風吹雨打，仍保持著鋒利的鋸齒形狀。在小徑上步行或騎馬，尤能領略這裡的壯麗與奇偉。美國人稱之為「我們最壯美的阿爾卑斯」。魔山絕頂（2,280 公尺）是登山者常到之地。

由魔山的冰河積聚而成的獵戶湖上，冰山漂浮，水清見底。這些荒山野嶺裡，未名之湖不可勝數，但湖水奇寒，不宜游泳，只宜垂釣、泛舟。教士湖上，波光瀲灩，反映出高 2,738 公尺的舒克桑山的倒影；湖上樹影憧憧，浮雲片片，風景幽絕，有小徑可通往舒克桑山的冰封絕頂。

「圓雪山」是喀斯喀特山脈的主峰，海拔 4,391 公尺，形如「英國帽」。園中動物有熊、美洲豹、麋鹿、山羊、狼獾等。禿鷹在這裡築巢，冬天獵取斯卡吉特河中的薩門魚為食。整個公園也是一個野生動植物保護區。

## 奇蘭湖

奇蘭湖是北喀斯喀特山東南的一處湖泊，位於西雅圖及史坡堪市之間，是華盛頓州最大的湖泊。這裡冬天雪季頗長，許多山頭都覆蓋著萬年積雪。奇蘭湖同時具有高山和湖光，因此成為許多水上活動的舉辦勝地，每年還有不少人前來登山。華盛頓州中部的奇蘭湖區域，和西部地區的多雨相比較起來，通常有著極佳的豔陽天氣。一路從西雅圖過來，從冷涼到

炎熱，少陰雨多日晒，晝夜溫差大，造就了這裡適宜栽種櫻桃以及葡萄的條件。華盛頓州的葡萄酒莊興起，似乎非常必然。

位於奇蘭湖河谷上游的斑鳩溪流農場，從奇蘭湖酒莊約半小時車程即可抵達。沿途環繞奇蘭湖美景、獨棟木屋，以及自然庭園，讓人讚嘆連連。廣大的休閒農場位於北喀斯喀特山脈附近，內部有用圍籬圍出一塊塊草地的動物區、用餐區及禮品區。

**延伸閱讀 —— 雪鴞**

在北極和西伯利亞及北喀斯喀特的寒冷區域有一種特殊的鳥類 —— 雪鴞。雪鴞別名白夜貓子，屬於鴟鴞科。

雪鴞為大型猛禽，全長約60公分。全身羽毛白色，具褐斑。眼睛呈淺褐色，頭頂雜有少數黑褐色斑點。下體腹部有褐色橫斑。嘴呈淺灰或黑褐色。爪灰褐色，末端呈黑色。牠們喜歡棲息於凍土和苔原地帶，也見於荒地丘陵，以鼠類、鳥類、昆蟲為食，牠們也是捕鼠行家。

旅鼠是雪鴞的主要食物。雪鴞產蛋的多少跟旅鼠的多少有密切相關：旅鼠多的年分，它們產蛋也多。在旅鼠極其豐富的年分裡，雪鴞的產蛋量要比平常多兩倍（有時能產13枚）；反之，在旅鼠缺乏的年分，雪鴞就減少產蛋量，有時甚至根本不產蛋。因此有人風趣地說，雪鴞生兒育女的多少要看牠「胃口」的好壞。雪鴞跟其他貓頭鷹一個很大的區別就是牠們一般白天捕食。

# 洞穴與島嶼

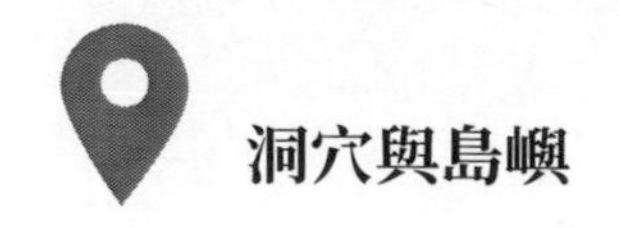


# 卡爾斯巴德洞窟

洞窟在美國西部的新墨西哥州，它有很多獨具特色的洞穴，是個多彩多姿的地下世界。卡爾斯巴德洞窟面積達 189 平方公里，目前探查到的最深洞穴在地表下的 305 公尺，溶洞中最大的一處面積超過 14 個足球場面積的總和，洞窟群長達近百公里，是最長的山洞群之一。

1930 年 5 月 14 日，卡爾斯巴德洞窟國家公園建成，面積 189 平方公里，由 83 個獨立的洞穴組成。這是個神奇的洞穴世界，因豐富多樣且美麗無比的礦物質而聞名於世。其中龍舌蘭洞穴更是一個地下實驗室，可用來研究地質改變的真實過程。

## 卡爾斯巴德洞窟的形成與歷史

卡爾斯巴德洞窟約在 2 億 8 千萬年至 2 億 5 千萬年前形成。據推測，當時由於雨水滲進了瓜達羅佩山石灰岩裂縫，將鬆軟的岩石溶解，隧洞和洞穴就被刻鑿出來了。水從洞穴內流出來，礦物質留下來，形成了各式各樣的造型。長期的地質演變中，古老的石灰岩沉澱發生了斷裂，再加上流水不斷溶解岩層，最終洞穴就逐漸形成了。

這些鬼斧神工的洞穴以及內部奇景其實都是石灰水創造的。千萬年的溶解，滴水穿石，最終這些奇妙的岩石陣列就形成了。其中較大的岩石與 6 層樓差不多高；而較小的就像是蕾絲一樣精美。

人們幾千年前就知道這些美麗的洞穴了。考古發現那些以游牧狩獵為生的先民們曾經在這些巨大的洞中居住過，因為考古學家在公園發現過美國印第安人的象形文字以及他們野炊痕跡。但是，他們並未深入去探索洞穴。

16 世紀初，西班牙探險者開始涉入該地區，並一直占領著這裡，一直到 1821 年墨西哥革命取得勝利。20 年後，美國吞併了西南的土地，1850

年，在這裡建立了新墨西哥州。世紀之交，這些洞穴被發現，礦工們開始挖掘，採集洞中大量的蝙蝠糞，運送到加州南部，作柑橘園的肥料。

一位本地年輕礦工——詹姆斯 · 拉金 · 懷特對這些洞穴異常著迷，他很有冒險精神，對蝙蝠洞之外的洞穴迷宮，他都進行了切實、執著的探索。而且他的熱情引起了人們的注意，於是，1923 年，政府建立了卡爾斯巴德洞窟國家保護區，7 年之後，升級成國家公園。

## 卡爾斯巴德洞窟國家公園的壯觀景象

到現在，卡爾斯巴德洞窟國家公園的地下迷宮還沒有完全被弄清楚。現有地圖只包括約 50 公里的通道，其中有 3 處巨穴是最吸引遊客的景點，洞穴中還有很多多彩的岩石，之所以色彩如此絢麗，是因為裡面含有氧化鐵沉澱物。

溶洞分成三層，瓜達羅佩山體內地以上 330 公尺處是第一層，山體內地上 250 公尺的是第二層，第三層在地下 200 多公尺。洞穴中有相當多的鐘乳石，以及石炭帷幕和洞穴珍珠等，前者非常精緻，只要輕輕擊打，就會有悅耳的鳴響發出。後者形成是因為小沙粒外部裹有一層流水，溶解碳酸鈣，小沙粒就越變越大，於是有光澤的石球就形成了，如同璀璨的珍珠。

卡爾斯巴德洞窟還有一處壯觀景象，就是在洞窟裡上百萬隻的蝙蝠在棲息。黃昏來臨時，蝙蝠就從陰暗的洞窟裡面傾巢出動，飛出來，遮天蓋地，在沙漠的黃昏形成寬度達 160 公里的巨網，所到之處，達到飛蟲片甲不留的程度。黎明到來時，牠們就又會返回洞穴中。

蝙蝠洞第一個是叫「主廊」的溶洞，之後是「希尼克房間」，是一個神祕的空間。空間最深處在地面之下 253 公尺處，有清澈靜謐的地下湖。

「希尼克房間」之後的是「大房間」，是溶洞的最深處，溶洞大廳的長約540公尺，平均寬度100公尺，高約有80公尺。溶洞內有很多形態各異的鐘乳石，它們有很多形象的名字：「惡魔之泉」、「國王宮殿」、「太陽神殿」等。

**延伸閱讀 —— 卡爾斯巴德洞窟的成因研究**

過去，人們一直認為卡爾斯巴德洞窟是由石灰岩組成的，碳酸鹽岩石經雨水沖刷後，一點一滴地侵蝕而形成的。但事實上，水溶碳酸鹽岩石而形成的大多數溶洞，都會有地下水流，只有這樣，才能將溶於水的石灰石帶走。卡爾斯巴德洞窟是沒有地下水流的。地質學家後來才發現，卡爾斯巴德洞窟不是雨水溶解碳酸鹽岩石，再滲進去產生侵蝕作用形成的，而是洞窟裡的岩石「冒氣泡」，因為這樣的原因形成的。

經考察，洞窟形成涉及到非常多的生物學現象。在卡爾斯巴德地區中單細胞微生物（以小片石油層為食的）才是洞窟雕刻家。生物學家說石油中含碳化合物被微生物吃掉後，會產生硫化氫，是種致命化學物，它透過岩縫跑出來與水、氧氣結合，就生成了硫酸，是硫酸溶解出了巨大的石灰岩洞窟。在卡爾斯巴德洞窟的勒楚吉拉洞窟有大塊的石膏石，它們就是硫化氫生成硫酸後，再經化學反應，最終留下來的副產品。當然，這個洞窟是在三四百萬年長的時間所形成的，現在已經沒有化學副產品的危害。

# 芙蓉洞

芙蓉洞位在重慶武隆，是中國唯一一個申報「世界自然遺產」提名的「洞穴」。它洞體龐大、洞穴沉積物豐富，讓各國洞穴專家嘆服，也吸引了很多前來觀光的遊客。

芙蓉洞大型石灰岩洞穴在第四紀更新世（約 120 多萬年前）就形成了，在古老的寒武系白雲質灰岩中發育起來的。芙蓉洞主洞長達 2,700 公尺，遊覽道長達 1,860 公尺，底寬在 12 ～ 15 公尺之間，最寬甚至達 69.5 公尺；洞高一般在 15 ～ 25 公尺之間，最高處達 48.3 公尺；洞底的總面積達 3.7 平方公里，其中，僅輝煌大廳的面積就達 1.1 平方公里，是最壯觀的，洞內深部的穩定氣溫是 16.1℃。

## 芙蓉洞內的鐘乳石

芙蓉洞內有大量的石灰岩，化學沉積物種類很多，由宏觀到微觀，由水下到水上，由早期到現在，由碳酸鹽類到硫酸鹽類，應有僅有，世界各種洞穴 30 多種的沉積特徵在這裡都能找到。其中的石瀑、石幕寬達 15 公尺、高達 21 公尺，還有如玉般光潔、棕梠狀的石筍，和繁星一樣罕見的捲曲石與石花等，數量非常多、形態優美、質地光潔而且分布很廣。此外，還有更珍奇的是淨水盆池裡的紅珊瑚以及犬牙狀的方解石結晶。

洞內的鐘乳石類琳瑯滿目，差不多鐘乳石的所有沉積類型都包括在內了，例如石筍、石柱、石旗、石幕（小的為石幔）、石瀑布、石鐘乳、石葡萄、珊瑚晶花等。主要由方解石、石膏等礦物組成，也有文石和水菱鎂石等，大多數種類的數量都不少，形態也比較完整，而且質地分布之廣在中國其他地方是絕無僅有的，甚至某些類型還是世界稀有的。這些鐘乳石

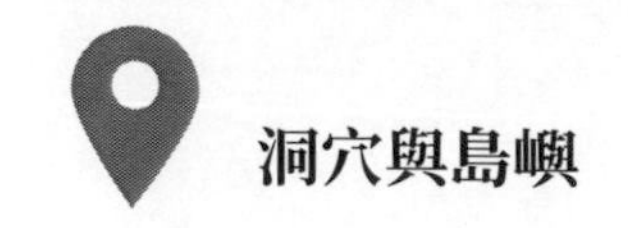


構成的景觀讓人目不暇接，主要景點有玉柱擎天、玉林瓊花、金鑾寶殿、海底龍宮、巨幕飛瀑、石田珍珠、珊瑚瑤池等，景觀輝煌美麗，玲瓏至極，人們不得不感慨大自然的神奇造化。

1994 年，芙蓉洞被評為中國百大溶洞中的第一，從此有了「溶洞之王」的美名，是被公認的地下最美風景。它不僅有旅遊價值、審美價值，而且在水文學、礦物學、生物學、地層學、地形學、地質學、古氣候學、考古學等一系列的研究領域，都很有研究價值。

## 芙蓉洞的三大風景區

芙蓉洞內主要分為三大風景區，第一風景區以色彩斑斕為主，第二、三風景區則以重科學、色調還原自然為主線。洞內比比皆是，一步一景的景觀中主要的解說景點有 30 多處，其中，屬於特級景點的超過 10 處，尤其是巨型石瀑布，寬 15.76 公尺，高達 21.04 公尺；有珊瑚瑤池，面積為 32 平方公尺，水深是 0.8 公尺，還處在生長的旺盛期；有「生命之源」長，1.2 公尺，周長是 1.24 公尺以及旺盛的石花之王、世界僅有一處的犬牙晶花石五絕等，這些都是洞穴景觀的珍品。

經過科學家的長期探險，目前已經確認，芙蓉洞不僅是一座大型的旅遊與科學家考察價值極高的洞穴，在以其為中心的周圍還發育著一個以大量豎井和平洞組成的龐大洞穴群 —— 芙蓉洞洞穴群，這也使得芙蓉洞與美國「猛獁洞」、法國「克拉姆斯洞」並稱世界三大洞穴。

### 延伸閱讀 —— 猛獁洞，世界上最長的洞穴

猛獁洞在美國肯塔基州的猛獁洞國家公園，屬於世界自然遺產。洞穴是個「巨無霸」，到 2006 年為止，已經探出的長度近

600 公里，然而，它究竟有多長，只能有待繼續探索。

猛獁洞由 255 座溶洞分組成，分為 5 層，上下左右互相連通，洞中有洞，就像一個巨大、曲折幽深的地下迷宮。這些洞中，有地下大廳 77 個，暗河 3 條，瀑布 7 道，還有很多地湖，延伸長度一共近 250 公里，溶洞的多、奇且大，足夠稱雄世界。77 座地下大廳中，「酋長殿」是最高的一座，它是橢圓形的，長是 163 公尺，寬是 87 公尺，高達 38 公尺，能容納幾千人。另一座「星辰大廳」富有詩意，頂棚中是由含錳的黑色氧化物形成的，上面還有很多雪白的石膏結晶點綴，從下面往上看，就像星光閃爍的天穹。

洞內回音河，是最大的暗河，比地表低 110 公尺，寬在 6 ～ 36 公尺之間，深在 1.5 ～ 6 公尺之間，遊客們能在裡面一邊乘平底船循河上溯，一邊觀賞洞內的風光。河中有種奇特的無眼魚，人們叫牠為盲魚，還有甲蟲、螻蛄和蟋蟀等其他盲眼生物，褐色的小蝙蝠潛伏在人們看不到的地方。

洞穴內還有佛洛伊德 · 柯林斯（Floyd Collins）水晶洞，這座洞穴是探險家柯林斯在 1917 年發現的。該水晶洞連著另外至少 15 個與此相似的水晶洞洞穴，可說是龐大的洞穴系統核心。

# 格陵蘭島

格陵蘭島是世界最大島嶼，面積達 217 萬多平方公里，它在北美洲的東北部，北極海與大西洋之間。島上的人口近 6 萬，多分布在西部、西南部，其中伊努特人即因紐特人占了大多數。

其實，這個島並不像它的名字那樣充滿詩意，格陵蘭在地理緯度上屬於高緯度，南北長度約為 2,600 公里，相當於歐洲大陸北端至中歐的距離，氣候寒冷，常年冰雪覆蓋，中部地區的最冷月平均溫度為 -47°C，最低溫度達到 -70°C，是地球上僅次於南極洲的第二個「寒極」。

據測量，全島冰的總容積達 260 萬立方公里。如果這些冰全部融化的話，那麼地球的所有海面就會升高 6.5 公尺。而格陵蘭島也是靠這些厚厚的冰層，才能高高突起在海面上。若是把冰層除掉，格陵蘭島就不會有那樣高聳的氣勢，會只像橢圓形的盤子，固定在海面上了。

## 格陵蘭島的形成

科學家研究，格陵蘭島約在 38 億年前形成的，它的前身應該是海底大陸，後來，因為大陸板塊發生碰撞，格陵蘭島就形成了。該發現也使格陵蘭島成了地球島嶼中最古老的一個。科學家表示，這一發現表明大陸板塊運動比我們認為的還要早很多，格陵蘭島就是大陸板塊在運動過程中碰撞而形成的。

科學家對在格陵蘭島上發現的一些遠古岩石化石研究後表示，這些遠古的岩石化石隱藏在格陵蘭島的地下，排列就像一個整齊的堤壩。透過分析研究，科學家證實格陵蘭島的來歷比我們想像的還要複雜，它可能是地殼板塊運動的結果，而形成的過程卻是相當漫長而複雜的。格陵蘭島發現的遠古岩石化石 —— 蛇紋石是只有在大陸板塊運動中、因為碰撞而產生的。蛇紋石是在兩個大陸板塊運動發生碰撞時，擠壓海底大陸時形成的。從此斷定，格陵蘭島在遠古時，很可能是海底大陸。根據化石的老化和風化程度，科學家初步判斷它們是 38 億年前就形成的。

## 格陵蘭島的氣候與資源

格陵蘭是陰冷的極地氣候，只有西南部因為受到灣流影響，氣溫略高一點。島嶼上內地冰冷，上空有層持久的冷空氣，冷空氣的上方常有低氣壓團，從西往東移動，所以天氣會瞬息多變，一下子陽光明媚，一下子又風雪漫天。1月的冬季，南部氣溫是-6℃，北部氣溫是-35℃。7月的夏季，西南沿岸平均氣溫是7℃，最北部的平均氣溫僅3.6℃。因為氣候寒冷，格陵蘭是獨特的冰下城市「世紀營」，居民們靠「冰上電車」（軌道小型車輛）在冰層隧道中穿梭。

格陵蘭植物以苔原植物為主，例如苔草、地衣和羊鬍子草等。難得的無冰地區生長著一些矮小的樺樹、柳樹以及檟樹叢，此外沒有其他樹木了。該島是 —— 北極熊（世界最大的食肉動物）的家園，也有狼、馴鹿、北極狐、北極兔和旅鼠等動物。島的北部有大批麝牛，牠們有其厚的外皮，能使牠們避免受到北極風的凍害。在沿岸水域常見鯨和海豹，過去曾是格陵蘭人的主要食物來源。儘管許多鳥類會在格陵蘭島繁殖，但當冬季來臨後，牠們又會飛向南方；也有些鳥類如雷鳥、小雪巫鳥等會全年都生活在這裡。

格陵蘭島自然資源非常豐富，近海石油天然氣儲量也很大，僅島的東北部就有310億桶的石油儲備，差不多是丹麥北海地區儲油量的80倍之多。而且還有鉛、鋅和冰晶石等礦藏，也具有很大的經濟價值。

**延伸閱讀 —— 因紐特人**

因紐特人早期被稱為「愛斯基摩人」，源自印第安人的稱呼，有「吃生肉的人」的意思。歷史上印第安人和因紐特人之間的矛盾很大，所以名字帶有明顯的貶義。因紐特人其實不喜歡這個名字，他們把自己稱為「伊努特人」或者「因努伊特人」（在因紐特語中，是「真正的人」的意思）。

因紐特人的特徵是個子矮、皮膚黃、黑頭髮。近年來，基因研究發現，因紐特人與中國的西藏人更為接近。

因紐特人是從亞洲，經過 2 次大遷徙，最後到達北極地區的，目前，已有 4,000 多年的歷史。當地氣候非常惡劣，環境異常嚴酷，他們多是在死亡線上掙扎著生活，能生存繁衍到現在，也是一大奇蹟了。在生活中，他們必須面對長達數月乃至半年的黑夜，抵禦攝氏零下幾十度的嚴寒和暴風雪。夏天，他們在洶湧澎湃的大海中奔忙，冬天，在漂移不定的浮冰上，只靠一葉輕舟和一些簡單的工具，去和地球上最龐大的鯨魚搏鬥，甚至能用一根梭標去跟陸地上最為兇猛的動物 —— 北極熊較量。萬一打不到獵物，全家人、整個村莊，甚至一個部落都將被餓死。在世界民族這個大家庭中，因紐特人無疑是最強悍、最頑強的民族。

在過去的幾千年中，因紐特人雖生活得自在，無外人打擾，但是，發展也是極其緩慢的，無貨幣、無商品、無文字，甚至連金屬都有沒見過，是全然封閉式、自給自足的生活方式，是真正的自然經濟，和人類歷史上的新石器時代相似。到 16 世紀，是西方持槍狩獵者才發現了他們。之後，毛皮商人、捕鯨者以及傳教士們紛紛而至，原本冷清的北極變得熱鬧了，「因紐特」這個名字也在世界各地的報刊開始頻頻地出現。

# 新幾內亞島

新幾內亞島是僅次於格陵蘭島的太平洋第一大島嶼，還是世界的第二大島。它又叫伊里安島，在西太平洋的赤道南邊，在西側，它和亞洲東南部的馬來群島相毗鄰，在南面，與珊瑚海和澳洲大陸東北部隔阿拉弗拉海相望。

## 新幾內亞島概況

全島略為西北－東南走向，東西長約 2,400 公里，中部最寬的地方可達 640 公里，面積約是 78.5 萬平方公里，包括沿海屬島在內一共 81.8 萬平方公里。新幾內亞島中部群山盤結，從西北伸往東南，成了連綿的中央山脈，多數山地和高原海拔都超過 4,000 公尺，在世界的島嶼中，它是海拔最高的島。西部高聳的山脈總稱雪山山脈，最高峰是查亞峰，海拔達 5,030 公尺，它是大洋洲的最高點。東段是馬勒山脈，山勢自西向東漸漸降低，之後又向東南延伸，巴布亞半島的歐文史坦利山脈就形成了。這些東西走向的高山峻嶺上，處處是懸崖峭壁，道路非常崎嶇，所以它成了全島南北交通的大障礙。

中部山區還有許多較大的河流，分由南北坡地流注海洋。主要河流有北部的曼伯拉莫河、拉穆河、塞皮克河和馬克姆河，南部的迪古爾河、弗萊河。河流的上游坡勢很陡，水流湍急，攜帶著大量的泥沙，中、下游兩岸因此而形成了大大小小的沖積平原。

## 島上的自然氣候

由於新幾內亞島位於赤道和南緯 12 度之間，屬於赤道多雨氣候，因此低地全年氣溫都很高，溫差很小，例如東北部萊城 2 月均溫是 27.5℃，

7 月均溫則 24.8℃，差不到 3℃。氣溫卻會隨著海拔的增高，不斷降低，例如海拔 30 公尺的莫爾斯貝港，1 月均溫是 28.4℃，8 月均溫是 25.4℃，年均溫是 27.1℃。高地就比較涼快，海拔 2,000 公尺處月均溫在 20℃以下，4,000 公尺高處一年中有幾個月的均溫會在 0℃以下，4,400 公尺的地方就是雪線了。

新幾內亞島大部分地區降水都很豐沛，年均降水量超過 2,500 毫米。11 月到隔年 4 月盛行西北季風，基本各地都降雨，北部尤其多，年降水量超過 4,000 毫米，例如萊城的年降水量是 4,538 毫米，向風山坡的年降水量則超過 6,000 毫米。5 ～ 10 月盛行東南季風，南部普遍降雨，但情況較複雜，因各地的地理條件不同，雨量與雨季有著局部差異，例如莫爾斯貝港的年降水量是 950 毫米，6 ～ 10 月東南季風盛行之時，是乾燥季節，各月的降水量都不到 40 毫米；12 月到隔年 3 月，是明顯的雨季。在這兩種季風都不占優勢的季節更替之時，有幾周是無風的天氣，空氣中飽含有水氣，天氣又悶又熱，陣雨非常多。而且，新幾內亞島還在颶風帶內，1 ～ 4 月常受到颶風的襲擊。

## 島上的著名山脈

在新幾內亞島上，連綿的山脈從西北到東南貫穿，山峰高度均在 4,000 公尺以上，巴布亞的查亞峰的海拔可達到 5,030 公尺，山頂有冰雪覆蓋。島上的山脈幾乎都有很多死火山及狹長而肥沃的盆地，海拔多超過 1,490 公尺。

山脈的北部是一條深溝，曼伯拉莫、塞皮克、拉穆以及馬克姆等河的河谷都在這裡。

新幾內亞中北沿海平原邊緣有一系列斷層山崗，海拔在 3,505 公尺之下。最西北的地方是孟貝萊半島（多為低地）和多貝萊半島（多為山地的）。

中部山脈南部的弗萊 - 迪古爾陸棚是廣袤的沼澤平原，上面河網密布，有畢安、迪古爾、普勞、馬皮、洛倫茲等河流。

東南部是歐文史坦利山脈，綿延達 320 公里，可當做一個寬廣半島，將北方的索羅門海和南方的珊瑚海分隔開了。

## 新幾內亞的珍稀動植物

新幾內亞島的動植物較豐富，亞、澳兩大陸的動物種類都有，還有種類繁多的植物。而且以鳥類眾多而聞名於世，是鳥類的樂園。

- ✧ **鳥類**：科學家在新幾內亞島發現了一種新的鳥類 —— 紅臉肉垂密雀，此外還了發現兩種幾乎具有神話般地位的鳥類 —— 金額園丁鳥和貝爾普施六絲極樂鳥。一直以來科學家認為牠們是單一種類，早已經消失了，在新幾內亞島卻發現了它們。不僅這兩種，巨冠鴿和巨型食火雞（不會飛的大鳥）這裡也有。新幾內亞還生活有 200 多種鳥類，其中有 13 種極樂鳥。
- ✧ **哺乳類動物**：新幾內亞目前記錄的哺乳類動物有 40 種，其中包括 6 種在新幾內亞其他地方也十分罕見的樹袋鼠。此外，科學家們在這裡還發現了披鳳樹袋鼠，牠對印尼來說全新的物種。還有一種人們幾乎不知道的長吻針鼴，也是在這裡被發現的，牠是一種單孔目動物（遠古蛋生哺乳類動物）的家庭成員。和在這裡發現的所有哺乳類動物相同，長吻針鼴見了人也不害怕，還能讓人類將牠們捧到手中，這說明牠們平常是很少與人類接觸的。
- ✧ **植物**：新幾內亞島總面積達 100 萬公頃的原始熱帶森林中，至少包含有 550 種植物，其中有許多種類是以前一直不為人所知的，還包括 5 個新的棕櫚樹種。截至目前，最令人興奮的發現之一是一種未得到確認的杜鵑花種類，它的白色花朵散發著芳香，花朵的直徑達到 15 公分，能和目前世界上最大的杜鵑花相比美。

✧ **蝴蝶**：昆蟲學家目前已在新幾內亞島發現了 150 多種蝴蝶，包括 4 個全新物種以及數個新亞種，新亞種的一些蝴蝶和英國常見的菜粉蝶有某種關係。其他蝴蝶種類中還有珍貴的鳥翼蝶，是世界上最大的蝴蝶，翅膀完全展開後，能達到 18 公分。

✧ **蛙類**：在新幾內亞島已確認的青蛙種類已達 60 多種，包括 20 種以前科學家從未記錄過的種類，一個種類僅有 1.4 公分大小。

**延伸閱讀 —— 新幾內亞島的怪鳥之謎**

據說，在太平洋戰爭結束不久，西方的傳教士來到新幾內亞島的熱帶雨林，並與原住民族接觸。有個在新幾內亞島北部莫羅貝住的傳教士曾經調查過當地人傳說的怪鳥之謎。

據說，那隻「怪鳥」是個巨大而奇怪的生物。有人認為是大型猛禽類的狐蝠屬，但有人反對，認為怪鳥是翼龍，1980 年代後，美國人卡爾 · 鮑博士和加拿大威廉 · 吉本斯博士等訪問新幾內亞島，綜合眾多目擊者的話，他們繪出怪鳥可能的模樣：翼像蝙蝠，全身皮膚似皮革一般，嘴又細又長，牙齒像鱷魚的一樣，手足上有如剃頭刀那樣快的鉤爪，頭後面有像雞冠一樣的突起物，尾巴比身體長，尾端是菱形的，體色為綠、灰、褐、暗紅，飛行速度比普通鳥要快，但比飛機慢，愛吃死屍，白天潛伏，夜晚出來活動。

一些研究者在調查原住民族目擊者的時候，發現他們陳列著各種的翼龍的圖畫，裡面有「長尾巴」的，因此可以推測怪鳥就是翼龍。據化石資料顯示，翼龍的翼展長是 1 ～ 2 公尺，而怪鳥的翼展長大約是 0.9 ～ 1.2 公尺的範圍，在大小上大體是一致的。不過，也有翼展開達 3 公尺這樣大型的怪鳥目擊事例。據說，這裡多次目擊到的怪鳥比一般的怪鳥要大數倍的。1995 年，庫馬隆村原住居民就曾經看到了從山上，沿著密林峽谷往大海飛的怪鳥，翼展長度約為 6 公尺。地人傳說怪鳥經常會在原住民的葬禮儀式之後現身，然後，把墓中的屍體挖出來吃掉或帶走。

迄今為止，怪鳥究竟為何物，一直還沒有定論，不過相信透過科學家的觀察發現，很快就會找到答案的。

## 馬來群島

馬來群島被稱為東南亞島嶼區或南洋群島，是世上面積最大的群島。在亞洲東南部、太平洋和印度洋之間的海域上，是由蘇門答臘島、加里曼丹島、爪哇島、菲律賓群島等 2 萬多個島嶼組成的，沿赤道延伸了 6,100 公里，南北的最大寬度是 3,500 公里，總面積約為 243 萬平方公里，約占世界島嶼面積的 1/5。

這些島嶼屬於菲律賓、馬來西亞、汶萊、巴布亞紐幾內亞、印尼等國，印尼約 13,600 個島嶼，菲律賓約 7,100 個島嶼是主要的島嶼國家。

### 馬來群島的主要構造

按照板塊學說，板塊內部穩定，板塊之間的會合處不穩定。馬來群島就在許多板塊的會合之處，西北部是華南－東南亞板塊（屬於歐亞板塊的一部分）；西南部是印度洋板塊；東南部是澳洲板塊；東部是太平洋板塊；東北部是菲律賓海洋板塊。菲律賓海洋板塊往西運動，菲律賓海洋的地殼就會沿著琉球海溝。菲律賓海溝消亡，印度洋板塊往北運動，華南—東南亞板塊會相對菲律賓板塊、印度洋板塊往南運動。

從構造單元上看，馬來群島可分兩部分，一是穩定性區域，是指加里曼丹島西南部與蘇門答臘島東北部，這裡和中南半島只是隔著巽他大陸棚，地殼比較穩定，無火山，地震也很少；另一部分屬於不穩定區域，有高峻的山嶺，有深陷的海溝，地殼非常不穩定，火山地震很多。馬來群島就與太平洋與喜馬拉雅造山帶、火山地震帶的會合處相鄰。

馬來群島的地形結構很有特徵，島弧和海溝共生。整個群島面向著太平洋與印度洋的部分都是島弧，例如印班達弧、尼西亞弧和菲律賓弧，外臨著深海溝，例如爪哇海溝、班達海溝以及菲律賓海溝。在地形上若說中南半島是古老且久經侵蝕的地形，那麼，馬來群島就是由新期地殼變動形成的、破碎的高峻的地形。

從海洋地形來看，馬來群島將東南亞海域分成了很多不同形狀的海，有屬於太平洋的爪哇海、蘇祿海、西里伯斯海、馬魯古海和佛羅勒斯海等；屬於印度洋的帝汶海和阿拉弗拉海等。中國南海南部、暹羅灣、麻六甲海峽和爪哇海的海域深度通常都不足 100 公尺，稱為巽他大陸棚。海底有古河道、礫石、砂子以及砂質壤土等沉積物，說明這裡曾經是屬於大陸的。巽他大陸棚之外，其他地方多是深海盆地或海溝，一般都超過 4,000 公尺。

## 馬來群島的氣候類型

馬來群島的氣候類型有兩種，其中印尼群島主要是赤道多雨氣候，全年高溫多雨，是典型的赤道氣候。但是，由於受到位置（分居南北半球）

和地形等因素的影響，內部氣候卻有些差異；另一方面，印尼群島的氣候介於亞、澳兩大陸氣候之間，也兼有熱帶季風氣候的特色，這也是印尼群島氣候與非洲和南美大陸赤道多雨氣候的差異之處。

菲律賓群島屬於海洋性熱帶季風氣候，全年都炎熱溼潤，一年分兩季，隨季風方向的改變，雨量季節分配以及空間分布也會發生變化。此外，強大颱風頻繁出現，也是菲律賓群島氣候的特徵。

由於受到地形和氣候的影響，馬來群島的水系都短小急湍，河流的地面蝕低率很大，自然植被分屬於熱帶雨林和熱帶季風林；土壤是與熱帶雨林和熱帶季風林相適應的熱帶土壤類型。除菲律賓北部外，各島都在赤道北緯 10 度之內，平均氣溫達 21℃，大多數地區的年降水量都越過 2,000 毫米。

## 馬來群島的著名景點

京那巴魯山：又稱神山、中國寡婦山，在馬來西亞沙巴的京那巴魯國家公園（也叫神山公園），它是馬來群島、馬來西亞、婆羅洲以及沙巴州的最高峰，海拔達 4,095 公尺，還正以每年 0.5 公分的速度長高。相傳，古時候兩位在廣州外海捕魚的兄弟，遇到颱風，漂流到沙巴，就在那裡落戶生根，娶了原住民族女子為妻，還生了孩子。但兄弟倆都很懷念故鄉，就決定由哥哥先回故鄉探親，然後再帶一家人回到中國。可是，哥哥此後卻一去不回，大嫂就每天都站在山上，翹首盼望著南中國海，她多年都風雨不改，一直到老死。後來，人們為記念這段堅貞的愛情，就把此山稱為「中國寡婦山」。

熱浪島：熱浪島位於馬來西亞丁加奴州海岸外 45 公里處，離西馬不遠。馬來西亞政府將它列為了海洋公園保護區，禁止人們在 23 海裡水域內捕魚，也禁止取走海底的珊瑚貝類等生物，但是，卻鼓勵潛水以及海底攝影，還可以游泳、追風逐浪或在熱帶雨林中探祕。熱浪島擁有蔚藍恬靜的海水，在每年的 4 ～ 10 月期間，海水甚至可用綠色翡翠來形容。這裡的海底生長著 500 多種色彩繽紛綺麗的珊瑚礁，超過 1,000 種雙殼類生物，以及 3,000 多種魚類品種，吸引著無數潛水愛好者前來參觀。

**延伸閱讀 —— 馬來人**

馬來人是居住在東南亞的泰國、新加坡、汶萊、馬來西亞、印尼，以及其他國家以馬來人為族稱的居民，多是新馬來人後裔，經濟、文化、社會都較發達。隨歷史發展，馬來人之間也出現了差異。馬來西亞的馬來人（自稱為馬來由人）多分布在馬來半島中南部以及砂拉越地區，還混有華人、印度人、泰人以及阿拉伯人血統。他們都用馬來語，屬於南島語系、印尼語族，方言有多種。原是信仰印度教、佛教和萬物有靈的，15 世紀末，大多改信了伊斯蘭教，還有部分人信基督教、天主教。家庭組織方面，除了南部森美蘭州母系制占優勢之外，一般都是雙系制。以農業為主，以種植水稻、椰子、咖啡、橡膠、金雞納樹和油棕等為主，此外漁業、航海業也都很發達。

廣義上，馬來人是指分布在太平洋、印度洋各島國的所有民族，屬於蒙古人種、馬來類型，語言是南島語系、印尼語族語言。一般，研究者認為馬來人的祖先約是 5,000 年前，從亞洲南下遷到中南半島，並經過馬來半島，向東擴散至爪哇、加里曼丹、蘇拉威西、菲律賓群島，向西擴散至馬達加斯加島的人。

遷徙持續了幾千年，按遷徙時間先後，可分為兩種：原始馬來人（有古馬來人）與新馬來人。原始馬來人的遷徙時間在西元前3000年到前1000年之間，新馬來人的遷徙時間在西元前2年到西元16世紀之間。各地的馬來人在分布地區，都留下了眾多的後裔，不同程度地與當地居民混合，如今已經發展成了眾多具有不同族稱的民族，像巽他人、馬都拉人、他加祿人、伊富高人和馬達加斯加人等。

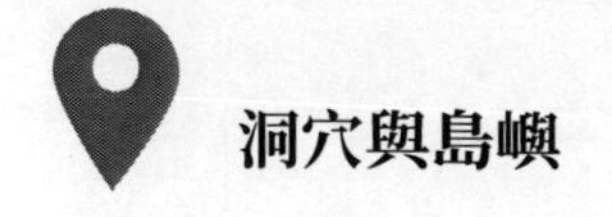
洞穴與島嶼

# 沙漠奇景

# 撒哈拉沙漠

撒哈拉沙漠是陽光最多的地方，還是世上最大的沙漠，幾乎占了整個非洲北部，東西約長 4,800 公里，南北在 1,300 公里到 1,900 公里之間，總面積約 860 萬平方公里。

沙漠西到大西洋的沿岸，北到阿特拉斯山脈、地中海，東到紅海，南到蘇丹、尼日河河谷。最高點在提貝斯提高原的庫西山，海拔達 3,415 公尺。

撒哈拉沙漠間隔非洲大陸為兩部分—北非和南部的黑非洲，兩者的氣候和文化截然不同。沙漠南部邊緣是半乾旱的熱帶稀樹草原，阿拉伯語稱之「薩赫勒」。其南部分雨水充沛，植物繁茂，阿拉伯語稱為「蘇丹」，意為黑非洲。

## 撒哈拉的形成

撒哈拉沙漠乾旱地形有很多種，主要有石漠（岩漠）、礫漠和沙漠。石漠多在撒哈拉中部、東部地勢高的地方，還有尼羅河東的努比亞沙漠也主要是石漠；礫漠在石漠與沙漠之間比較多見，多分布在利比亞沙漠的石質地區、庫西山等山前的沖積扇地帶；沙漠面積最為廣闊，只有少數較高的山地和高原。

那麼撒哈拉沙漠是怎樣形成的呢？這一直是個難解之迷。傳統說法認為，在 6,000 多年前，這裡曾是一片植被茂盛的肥沃土地，這種說法的最有力證據就是考古學家在這裡發現了一些大的河床，並找到了很多魚類的遺跡，特別是在扎巴連山谷發現的 5,000 多幅壁畫，上面畫有栩栩如生的長頸鹿、羚羊、牛群、大象和馬等。那它怎麼會變成現在這一片沙海呢？

科學家指出，原因有兩個：一是古代人對生態環境的破壞；二是氣候發生了急劇的變化。據說，撒哈拉沙漠的形成很早就開始了，不過腳步比較緩慢而已，後來不知從何處飛來了鋪天蓋地的黃沙，才使這裡變成了今天這樣一望無際的沙漠。如果事實真是這樣，那麼突如其來的黃沙又從哪裡來的呢？遺憾的是持這種說法的科學家也答不出來。

後來，地質學家在埃及西部卡塔臘盆地深處勘探石油時，意外發現了古鯨的遺骸。對此他們推測，現今的撒哈拉沙漠過去曾是一片汪洋。而美國諸多古生物學家在現代地中海以南 300 多公里的區域內地下 400 公里處，也發現了幾乎全部是海洋動物的骨骼化石，甚至包括古鱷魚、古鋸鮫、古鯊魚、古海牛及古鯨等。專家們研究認為，這些古海洋動物早在 3,800 ～ 4.000 萬年前就已滅絕。所以，這些動物至少在 4,200 萬年棲息於此。同樣道理，他們推測至少在 4,200 萬年前，這裡曾是一片浩瀚的古海。

不過，至於古海又如何變成了沙漠，科學家還沒有給出非常合理的解釋，不過我們相信，隨著科學技術的發展以及認識的不斷深入，人們一定能夠圓滿地解釋撒哈拉沙漠的成因。

## 撒哈拉的極端氣候

因為受到季風帶南北轉換的控制，沙漠的氣候常有很多極端，例如它有世上最高的蒸發率，還有一連幾年不降雨的最大面積紀錄；在海拔高的地方，氣溫可達到霜凍、冰凍地步，在海拔低處，卻又有世界上最熱的天氣。

事實上，撒哈拉沙漠主要由兩種氣候情勢所主宰，北部是乾旱的副熱帶氣候，南部則是乾旱的熱帶氣候。乾旱副熱帶氣候每年、每日的氣溫變化幅度都很大，涼爽的冬季與炎熱的夏季有量最大的降水，年平均氣溫的約 20°C，冬季氣溫是 13°C，夏季極熱，利比亞的阿齊濟耶最高氣溫曾經達 58°C，創下了紀錄。

乾旱熱帶氣候的特點，是隨著太陽位置，有很強的年氣溫週期；溫和而乾燥的冬季與炎熱而乾燥的季節後有多變的夏雨時節。乾燥熱帶區域年的平均日溫差是 17.5°C。最冷的月分平均溫度和北部副熱帶地區差不多，但是，日溫差沒那麼大。春末夏初時很熱，能達到 50°C的高溫。雖然乾旱熱帶山丘的降水量很少，但是，低地夏季的一次雨量卻能很高。在北部，這類降雨多以雷暴方式發生。沙漠西邊緣冷加那利洋流能使氣溫降低，減少對流雨，但溼度加大，會出現霧。沙漠南部，冬季吹哈麥丹風，它是帶沙和其他小塵粒的乾燥的東北風。

## 動物與植物

撒哈拉沙漠的氣候非常炎熱、乾燥，植物很稀少，有連綿的沙丘，無垠的沙漠，地廣而人稀。似乎這裡應該少有生命的痕跡。但其實這裡存在著 300 多種沙生動物，其中最具代表性的就是羚羊，也被稱為「沙漠的兒女」。羚羊性情溫和而且很機靈，奔跑的速度也很快，主要以沙生植物為食。

沙漠還有狐狸，叫作沙狐，在沙漠戈壁的草灘、丘坡上生活，晝伏，夜間出來覓食，行動詭祕而敏捷。主要捕食沙鼠、野兔、鳥類等，還吃鳥蛋，也吃爬行動物、昆蟲。

大漠裡還有很多老鼠，有種沙鼠，很耐旱，以沙生植物的根、葉和果為食物，牠門齒很發達，很喜歡啃齧植物的根。100 隻沙鼠的吃草量能超過 1 隻羊。

撒哈拉沙漠還有許多鳥類，如百靈、沙漠鶯、沙雞、野鵝、鴇等。牠們有些居住在懸岩峭壁的風蝕洞中，有些在沙丘的灌木叢之中，都有保護色，因而人們只能聽到鳥鳴，卻看不到牠們的影子。鴕鳥是現代世界上最大的鳥，身高約 2.5 公尺，體重 150 公斤，適應沙漠環境，多都群居。鴕鳥兩翼退化，不能飛，下肢特別發達，能在沙漠裡奔跑如飛。這裡的鴕鳥也是世界沙漠鴕鳥的奔跑冠軍。

撒哈拉沙漠常見的爬行動物就是蜥蠍，牠們的身上生著很厚的角質和鱗片，一般居住在洞穴中，或者鑽進沙丘，多和沙子打交道，為了防止沙子吸進肺腔，牠們鼻孔中有一種特殊的組織，吸氣時能豎起來，氣孔緊縮，沙子及不會被吸入。另外，鼻孔裡還有發達的腺體，不時向外流黏液，將鼻孔裡積累的沙子排除。

此外，撒哈拉沙漠的湖池中也有藻類、鹹水蝦以及其他甲殼動物。沙漠中的蝸牛是鳥類、動物的重要食物。沙漠蝸牛經夏眠後，存活下來，降雨喚醒牠們之前，能夠維持好幾年都不動。

撒哈拉沙漠的植被很稀少，高地、綠洲窪地以及乾河床的四周布有成片的青草、灌木和樹。含鹽的窪地有鹽土植物。缺水的平原以及撒哈拉沙漠高原處有耐熱耐旱的青草、草本植物、小灌木等。

**延伸閱讀 —— 撒哈拉沙漠岩畫**

1850 年，德國探險家在撒哈拉沙漠考察時，無意間發現岩壁上有刻鴕鳥、水牛和各式人物像。1933 年，法國騎兵隊來到這裡，在沙漠塔西利臺和恩阿哲爾高原上發現了長達幾公里的壁畫群，都是繪在水侵蝕出的岩陰上，色彩雅致而調和，壁畫群中的動物形象很多，千姿百態而且各具特色，栩栩如生，能與同時代傑出的壁畫藝術作品相比了。從這些動物圖像可推測出古撒哈拉地區的自然面貌，一些壁畫上刻有獨木舟捕獵的河馬，表明撒哈拉曾經有過江河。

根據這些岩畫，人們將這些不同的岩畫分為幾個階段：

水牛時期：大約從3500年以前至西元前8000年左右，這時的岩畫大約產生於西元前10000年至西元前8000年時期，是用一些目前已絕跡的動物奶汁混合顏料畫在岩石上的，這些動物包括有水牛、象、河馬和犀牛等，畫中的人物戴有圓形的盔帽，使用棍棒、斧頭、弓箭和用棍棒甩出去擊打獵物，但沒有標槍。這些岩畫主要分布在阿爾及利亞的東南部，以及查德和利比亞境內。

黃牛時期：大約西元前7500年到西元前4000年。那時，當地的居民開始游牧生活。曾經發現有陶器、新石器時代的石斧、石磨、箭頭，還有打獵的弓箭。後期，人們還發現一些聚集較多的人、牲畜的村落的遺跡。

馬時期：約是西元前3000年到西元前700年。有跡象表明，那時當地引進了馬、駱駝、奶牛，還從事了大規模的農業。可能西元前1220年，向腓尼基人，學會使用、鍛造鐵器。還建立了橫跨整個撒哈拉、一直到達埃及的大帝國聯盟。

# 納米比沙漠

納米比沙漠位於非洲西南部的納米比亞境內的大西洋海岸線，非洲最大的納米比 - 諾克陸夫國家公園內。納米比沙漠被認為是現存世界上最古老的沙漠，形成於約 8,000 萬年前。納米比沙漠也讓納米比亞國家取得了這樣一個國家名稱。

沙漠面積達 5 萬平方公里，東西闊度由 50 ～ 160 公里不等，安哥拉西南部也屬於納米比沙漠的範圍之內。在那馬語中，納米比的大概含義為「不毛之地」。納米比沙漠向來以豔麗的紅色沙丘而聞名。

## 壯觀的納米比沙漠

納米比沙漠位於南非的西海岸線上，即所謂的骨骼海岸。在這條寒冷的海岸線上，還星羅棋布地布滿了失事的船隻。身為世界最古老的沙漠，納米比沙漠擁有最高的沙丘。這裡的沙丘多呈現半月狀弧形，有些沙丘甚至可高達 30 公尺，寬達 370 多公尺。在沙漠之中，遠古化石般的樹木矗立其中，紅色沙丘便成了背景。

納米比沙漠還是世界上最乾燥的地方之一，乾旱和半乾旱的氣候已持續了最少 8,000 萬年，乾旱也是乾燥空氣因海岸寒冷的本吉拉洋流下沉而在形成。沙漠每年的降雨量都少於 10 毫米，可說是寸草不生。而如果要在這裡生存，就必然需要多種適應性。在大多數的夜裡，從海洋湧來的霧氣都會帶來一定的水分。而也正是這些至關重要的水分，才令沙漠中的蛇、蜘蛛、甲蟲和蜥蜴等得以存活下來。

納米比沙漠向來都以豔麗的紅色沙丘而聞名，其中最著名的便是位於納米比沙漠南部的 Sossusvlei。「vlei」在南非荷語中意為「沼澤」，然而這裡卻是一個乾涸的黏土盆地，以數十座世界最高的紅色沙丘群而著名，

這片沙海是 Tsauchab 乾河谷的終點。大約在 6 萬年前，沙丘將這條河流封閉在距離大西洋約 50 公里處的內陸；而今 10 多年才下一次的大雨，偶爾會讓這塊盆地洪水氾濫。而洪水帶來的泥巴經日晒烘烤後龜裂，便成了覆蓋地表的一幅畫 —— 一幅只有上帝的手才能畫出的畫。

幾萬年來，沙丘與河流的鬥爭，以及風的雕鑿，複雜的沙丘生命週期，納米比沙漠的紅色沙丘等，都始終令地質學家們困惑不已。

## 沙漠中奇特的百歲蘭

1860 年，奧地利的一位植物學家在安哥拉南部納米比沙漠中發現了百歲蘭。百歲蘭是一種十分奇妙怪異的植物，生長在條件非常惡劣、年降雨量少於 25 毫米的乾旱之地。

據估測，最老的百歲蘭年齡應該在 1,500 ～ 2,000 年，這些植物很能忍耐極為惡劣的環境。大多數的百歲蘭都生長在距離海岸 80 公里的多霧區域，據此估計，霧氣是它們主要的水分來源。

百歲蘭屬於裸子植物，與其他植物的親緣關係目前還不能確定，因為它僅僅分布在納米比沙漠之中。我們說了，納米比沙漠是世界上最古老的沙漠，而百歲蘭則分布在這個沙漠從納米比亞西部沿海到安哥拉西南部一個狹長且極其乾燥的地段。

百歲蘭的形狀類似一個木質化的紅蘿蔔，莖纖維質，具有粗大顯著而多皺褶的表皮。不均勻的生長也使其莖部變得怪異扭曲，而從莖部能夠進行光合作用的部分組織中長出兩片帶狀的葉。通常大的植株距離地面最高的部位可達 1.5 公尺，周圍的葉子盤繞成堆，周長可達 8 公尺多，而百歲蘭的根甚至可深達 30 公尺。

百歲蘭的葉子也是植物界壽命最長的葉子，而且是常綠的，僅有一對，形態寬而平。最寬的葉子寬約 1.8 公尺，葉子長達 6 公尺。這些葉片覆蓋著大面積的地面，使得其下的土壤溫度低而有溼度，從而幫助植物在高達 65℃的地面溫度下生存。葉子的平均厚度為 1.4 公分，且葉子平躺在地面上，也防止了風對土壤的侵蝕。

即便是在很強的風力作用下，這些葉面還是能夠保持堅挺不動的姿態。而植株則可以透過葉面上的氣孔來吸收空氣中稀少的水分，這也是這個物種能生存下來的必要條件。通常來說，氣孔會直到霧氣散去後方才關閉，雖然大部分凝結在葉面上的水會順著葉面流下，但植株已透過氣孔直接吸收到了這凝結水分的一部分。而且與其他植物不同的是，氣孔在霧氣大的時候開啟，在溫度升高時就關閉，這樣便確保了水分在溫度高時不透過氣孔損失。

百歲蘭是雌雄異株的，通常雌株有大的雌毬果，雄株有雄花，每一個雄花生有 6 個雄蕊。花粉的傳遞工具主要靠風，但也有一種很小的昆蟲對花粉的傳播起一定作用。一般的雌株可以結 60 ～ 100 個雌毬果，種子可以達到 1 萬多粒。它們的種子有紙狀翼，散播主要靠強風。大部分這些種子是不會發芽的，即使只有一半是有活性能發芽的，但這其中還會有 80% 會被真菌所感染。因此，估計不到萬分之一的種子會發芽且能長大成株，過度潮溼會令種子難以發芽且散發出難聞的惡臭味。

## 納比亞沙漠中的其他動植物

在納比亞沙漠中，還可以看到猴麵包樹和 Mabula 樹等植物，而 Mabula 果實釀成的酒還是納米比亞的特產呢！沙漠中的大部分植物根莖都是非常粗大的。傳說上帝曾將樹木隨手一扔，結果就使得樹冠和樹根栽種顛倒，於是就形成了現在的模樣。

說到動物，在納比亞沙漠中身姿矯健的跳羚可是這裡的精靈，而且還被繪製在了納米比亞的國徽上，可見這種動物在當地人心中的地位是很重要的。如果夠幸運的話，在納米比沙漠中還可以看到大象，而納比亞沙漠也是世界上唯一一處能夠看到大象的沙漠。

身為世界上最古老的沙漠，納米比沙漠地區有很多動物和植物的化石。多少年來，納米比沙漠就像一塊磁石般吸引著諸多的地質學家們前來考察。然而直到今天，人們對它依然所知甚少。

**延伸閱讀 —— 沙漠之中的水源**

沙漠雖然乾旱，但偶爾也會下雨，而且下起來常常都是暴風驟雨。撒哈拉沙漠就曾經有過在 3 小時內降水 44 毫米降雨的紀錄。在這種時候，平常乾涸的河道也會很快充滿水，而且容易誘發洪水。

雖然沙漠內部很少下雨，不過沙漠也常常會從附近高山流出的河流進水。這些河流一般都會帶有很多泥土，但通常在沙漠中流了一兩天就乾了。世界上也只有幾條大河流通沙漠，比如埃及的尼羅河、中國的黃河以及美國的科羅拉多河等。

如果水源充分，它們還會在沙漠中形成季節湖，但通常都較淺較鹹。因為湖底很平，有風的時候也會將湖吹到 10 多平方公里外的地方，小湖乾了之後還會留下一個鹽灘。在美國，有幾百個這樣的鹽灘，而且大多都是 1 萬 2 千年前冰河時期的大湖遺物，其中最著名的就是猶他州的大鹹水湖。

# 塔克拉瑪干沙漠

傳說以前人們渴望引來天山、崑崙山的雪水澆灌乾旱的塔里木盆地。於是慈善的神仙拿出兩件寶貝：金斧子和金鑰匙。因為被百姓的真誠所打動，就把金斧子給了哈薩克族人，去劈開阿爾泰山，將清清的雪水引來。當他要把金鑰匙給維吾爾族人讓他們打開塔里木盆地的寶庫之時，金鑰匙被小女兒瑪格薩弄丟了。從此之後，盆地成了塔克拉瑪干沙漠。

塔克拉瑪干沙漠在維吾爾語中，是「進去出不來的地方」，通常稱為「死亡之海」，是中國最大的沙漠，也是世界著名大沙漠。在中國最大的內陸盆地一新疆塔里木盆地的中部，北面是天山，西面是帕米爾高原，南面是崑崙山，東面是羅布泊窪地，面積達 33.7 萬平方公里，僅比非洲撒哈拉大沙漠小。

沙漠流沙占整個沙漠面積的 85%，而且沙丘很高大，除邊緣外，一般都在 50 ～ 100 公尺以上。

## 沙漠的環境特色

塔克拉瑪干沙漠是在世界所有的大沙漠中是最神祕、最有誘惑力的一個。沙漠中心是大陸性氣候，風沙非常強烈，全年的降水非常稀少，溫度的變化很大。

該沙漠的流動型沙丘的面積非常大，沙丘的類型也豐富多樣，複合型沙山與沙壟就像一條憩息的巨龍，塔型的沙丘群是蜂窩狀或羽毛狀或魚鱗狀，變幻萬千。沙漠中有兩座紅、白兩色的高大沙丘，稱為「聖墓山」，是由紅砂岩、白石膏組成的，是沉積岩露出地表之後形成的。「聖墓山」上有風蝕蘑菇，又奇特又狀觀，約高 5 公尺，蓋很大，能容納 10 幾個人。

白天，沙漠的溫度可達 70 ～ 80°C，烈日炎炎，銀沙刺眼。由於旺盛的蒸發，使得地表景物飄忽不定，因而會常常出現朦朧的「海市蜃樓」。沙漠四周沿著葉爾羌河、塔里木河、和田河、車爾臣河兩岸，有密集的胡楊林和檉柳灌木在生長，成了「沙海綠島」。尤其是和田（縱貫沙漠）河的兩岸，有蘆葦、胡楊等沙生野草，是沙漠的「綠色走廊」。在林帶和草叢中，還住著一些野兔、小鳥類等動物，為「死亡之海」增添了一些生機。

沙漠受到西北、南北兩個盛行風向交叉的影響，所以風沙活動頻繁而劇烈，流動型的沙丘約占 85%。低矮的沙丘一年能移動約 20 公尺，近千年以來，整個沙漠向南伸延了約 100 公里。

## 塔克拉瑪干沙漠的成因

關於塔克拉瑪干沙漠的成因，至今一直眾說紛紜。科學家在對塔里木盆地南部邊緣的沉積地層進行的深入分析後發現，其中夾雜著大量風力作用形成的「風成黃土」，年齡至少有 450 萬年。而這些「風成黃土」的來源地，就是現在的塔克拉瑪干大沙漠。

塔克拉瑪干沙漠在新疆腹地，有第三紀末、第四紀初因為造山運動而升起的天山、崑崙山、秦嶺、大興安嶺等高大高山系。南部和東南邊緣，尤其是有巨大的青藏高原，成了夏季風難以逾越的屏障。在天山以南和崑崙山以北，由於青藏高原的阻隔，使印度洋水氣根本無法進入新疆；而西部因有帕米爾高原的阻隔，使得溼潤的海洋氣流（東南季風和西南季風）也無法吹進，水氣來源被隔絕；北部天山及其他山脈使北極海的水氣難進入，但青藏高原也將使中亞地區的乾熱西風帶往北逼去，新塔克拉瑪干沙漠受到影響。這說明，被群山所包圍的盆地，各方向都被沒有水氣進入，不在季風的影響範偉之內，而且還被乾熱的西風帶氣候所控制，現今的沙漠就形成了。

## 沙漠中的動植物

該沙漠的植被非常稀少，差不多整個地區都少植物覆蓋。沙丘間的凹地裡面，地下水離地表不過 3,000 ～ 5,000 公尺，能看見稀疏的檉柳、硝石灌叢和蘆葦。很厚的流沙層阻礙了這些植被的擴散。植被在沙漠的邊緣，在沙丘和河谷以及三角洲相會的地方，那裡的地下水比較接近地表的地區，所以比較豐富。那裡除上述植物之外，還有河谷特有的胡楊、胡頹子、駱駝刺、蒺藜及豬毛菜等，沙丘經常會圍著灌叢而形成。

由於缺乏水源，沙漠的動物也極端稀少，只是在沙漠的邊緣地區，在有水草的古代和現代河谷及三角洲，才有較多的動物。在開闊的地帶，可以見到成群的羚羊；在河谷灌木叢中，有些野豬出沒；在食肉動物中，還有狼和狐狸。20 世紀初時，在這裡還能見到老虎，但是，從那時起，牠們就快滅絕了。稀有動物在塔里木河谷棲息的西伯利亞鹿和野駱駝，19 世紀末時，野駱駝到和田河的沙漠的多半地區出現，但是，現在只能偶然出現在沙漠東部地區了。除了這些，還有低等植物、微生物在於沙漠裡。

### 延伸閱讀 —— 新疆胡楊

新疆胡楊有「生而一千年不死，死而一千年不倒，倒而一千年不腐」的美稱，塔里木河附近沙漠的地區，胡楊林的氣勢、規模居全國之首，而且那裡的胡楊林公園還是國內獨唯一的沙生植物胡楊樹林的觀賞地。秋色降臨之時，到胡楊林中，四周會被燦爛金黃包圍，窪地水塘裡，藍天和白雲之下，胡楊樹的倒影美妙萬千。從輪臺向南 100 公里的沙漠腹地有著大面積的原始胡楊林，不少古老的胡楊樹半徑可達半公尺之上。

和田河的胡楊樹都是次生林，多數樹型是塔狀的，枝葉非常茂盛，秋天時，全身都是金黃剔透的。胡楊還以成片的優美林為特徵，起伏的沙丘線條之下，形成了一幅風景畫。在塔克拉瑪干南部沙漠禮，還經常看到盆景般的胡楊景色，在那兒，胡楊靜靜佇立於沙丘中，千姿百態，好像經過人的修飾。

胡楊的美與其自身的滄桑離不開，樹幹乾枯、龜裂而且扭曲，就像枯樹的樹身，卻會不規則地、頑強地生長出璀璨而金黃的生命，在大漠極端惡劣環境中，死亡和求生協調被充分地表現了出來。

# 澳洲沙漠

澳洲沙漠是澳州最大的沙漠，還是世界上的第二大沙漠，面積約達 155 萬平方公里，平均海拔在 150 ～ 300 公尺之間。沙漠多是沙丘與鹽沼，植被很少。因為地球的自轉，這些地帶長期被大氣環流的下沉氣流所籠罩，氣流下沉會將成雨過程破壞掉，所以這裡的乾旱氣候，就形成了，也造就了茫茫的大漠。

## 沙漠的成因

澳洲是世界上唯一一個占有大陸的國家，雖然四面環海，但是氣候卻非常乾燥，荒漠、半荒漠面積達 340 萬平方公里，約占總面積的 44%，因而也成為各大洲中乾旱面積比例最大的一洲，造就了大量的沙漠。

之所以有這樣的氣候特徵，主要原因有 4 個。

首先，南回歸線橫貫澳洲大陸中部，致使大部分地區終年受到副熱帶高氣壓的控制，而澳洲大陸輪廓又較完整，無大海灣深入內陸，而且大陸又是東西寬、南北窄，這也擴大了回歸高壓帶控制的面積，導致氣流下沉，不易降水，因而土壤逐漸沙漠化。

其次，澳洲地形上高大的山地大分水嶺緊臨東部太平洋沿岸，這就縮小了東南季風與東澳洲暖流的影響範圍，多雨區僅僅局限在東部的太平洋沿岸，廣大內陸與西部地區的降水稀少，土壤沙化的程度較嚴重。

此外，在廣大的中部和西部地區，因為地勢平坦，不起抬升作用，而西部印度洋沿岸盛吹離陸風，西澳洲寒流又從此處經過，產生降溫減溼的作用，所以，澳洲沙漠的面積就非常廣大，而且還一直延伸到了西海岸。

## 澳洲艾爾斯巨石

澳洲艾爾斯巨石，還叫烏盧魯巨石，在澳洲中北部艾麗斯普林斯西南方約 340 公里的地方，高達 348 公尺，長約 3,000 公尺，周長約 8,500 公尺，東部高寬，西部低狹，在世界的整體岩石，它是最大的。它有著雄峻的氣勢，就像是超越時空的紀念碑，突立在茫茫沙漠之中，直刺天空，雄偉壯觀，神祕莫測。

關於艾爾斯巨石的得名，要追溯到 1873 年，一位名叫克利斯蒂．高斯的歐洲地質測量員到此勘探，無意中發現這個奇蹟。因他是從南澳洲來的，所以就吧這座山命名為當時南澳洲總理亨利．艾爾斯的名字。

令人驚訝的是，艾爾斯石就像是一個愛美的女性，伴隨早晚以及天氣的改變而變化不同的衣服。太陽從沙漠裡升起的時候，巨石身著鮮豔奪目的淺紅色盛裝；中午，又換上了橙色的外套；夕陽西下之時，就穿得姹紫嫣紅，蔚藍的天空之下，就像是熊熊燃燒的火焰；夜幕降臨，黃褐色的晚禮服中的巨石顯得風姿綽約。若是下起大雨，巨石還會變成黑色，彷彿在向人們顯示它的神祕與威嚴。

關於艾爾斯石變色的緣由，至今仍還沒有確定答案。地質學家認為主要跟它的成分有關係。艾爾斯石是石英砂岩，岩性堅硬、結構緻密，一天之內陽光從不同的角度照射，岩石表面的氧化物會不停地發生顏色的改變。艾爾斯石也就有了「五彩獨石山」的稱呼，是澳洲沙漠壯麗的一道風景。

### 延伸閱讀 —— 澳洲沙漠下的「冥蟲」

2005 年，在澳洲西部沙漠中，科學家們發現了一種很奇怪的蟲，牠們在有地下水的地帶棲息。而且，這種奇怪蟲子的名字也很特別，古希臘神話中傳說，人死後靈魂要渡過冥河才能到達冥府，而這些蟲子就是這冥河裡的「冥蟲」。可是，澳洲一直被認為是最不可能找到這種蟲子的地方了，於是，一下子這裡成了冥蟲生物學家們最關注的一個話題。

以前生物學家主要集中在歐洲與北美州來尋找冥蟲，因為這兩個地方有喀斯特地形區很廣泛。喀斯特地區就是指因為受到腐蝕，產生的洞穴、地下河流以及通道的石灰岩地帶。早期的探險家們曾經在這樣的水洞中發現過沒有眼的蠑螈、透明的龍蝦還有很多甲殼類動物。按常識來判斷，大多數的冥蟲都是生活在地下的，是為了躲避更新世冰河期。可人們沒料到澳洲沙漠地區也有冥蟲在生存。

澳洲因為過分乾旱，喀斯特地形不多，而且在更新世時期被冰雪覆蓋。中新世時期的早期，這裡的乾燥氣候曾經使生物大批從地面離去。乾燥的趨勢應是從 3,000 萬年前開始的，當時，澳洲大陸正從南極洲往北進行漂移。中新世時期晚期（大約1,200萬年前），澳洲北部永久性乾旱氣候就開始出現了，而且趨勢逐漸往南進行擴展。

澳洲西部高原石灰石岩層遍地都是，這樣的「鈣質結礫岩」多在鹹水湖上游形成。它們形成之後，因為氣候變得越來越潮溼，河流也返回了古河道，二者會同時將石灰石溶解，有微小空隙與通道的小型喀斯特地形就形成了。到了中新世時期，乾旱又一次讓河谷乾涸，但是這些岩層禮還充滿了水份。若是沙漠下有冥蟲，那麼，牠們就會藏在裡面，其中一些可能是「幽靈」（牠們是從地面上消失很久後，倖存下來的）。

不過，到目前為止，人們還有很多謎團沒有解開，比如牠們吃什麼？是怎樣繁殖的？他們也就很難了解到真實情況，因為牠們無法直接進到鈣質岩石層裡。但冥蟲的生存空間很擁擠這一點是可以確定的。食物多以細菌膜（在地下水裡溶解的有機物上）為生，其他冥蟲食用的是岩屑，但牠們是食肉動物是可以肯定的。

# 紙上旅遊，探索地球：

## 凝固的白色瀑布、壯闊的巨大傷疤、神祕的地下世界……67 道絕美風光，每一處都令人流連忘返！


作　　者：唐維軒
發 行 人：黃振庭
出 版 者：崧燁文化事業有限公司
發 行 者：崧燁文化事業有限公司


E-mail：sonbookservice@gmail.com
粉 絲 頁：https://www.facebook.com/sonbookss/
網　　址：https://sonbook.net/
地　　址：台北市中正區重慶南路一段六十一號八樓 815 室
Rm. 815, 8F., No.61, Sec. 1, Chongqing S. Rd., Zhongzheng Dist., Taipei City 100, Taiwan
電　　話：(02)2370-3310
傳　　真：(02)2388-1990


印　　刷：京峯彩色印刷有限公司（京峰數位）
律師顧問：廣華律師事務所 張珮琦律師





定　　價：350 元
發行日期：2023 年 03 月第一版
◎本書以 POD 印製

**國家圖書館出版品預行編目資料**

紙上旅遊，探索地球：凝固的白色瀑布、壯闊的巨大傷疤、神祕的地下世界……67 道絕美風光，每一處都令人流連忘返！ / 唐維軒著 . -- 第一版 . -- 臺北市：崧燁文化事業有限公司 , 2023.03
面；　公分
POD 版
ISBN 978-626-357-093-1( 平裝 )
1.CST: 自然景觀 2.CST: 世界地理
351　　112000213

電子書購買

臉書